Seema Chahar
Sunita Yadav

Enriquecimento do espinafre pela aplicação de zinco no solo com adubos orgânicos

Seema Chahar
Sunita Yadav

Enriquecimento do espinafre pela aplicação de zinco no solo com adubos orgânicos

Enriquecimento do espinafre Pinacea oleracea L. com aplicação de zinco

ScienciaScripts

Imprint

Any brand names and product names mentioned in this book are subject to trademark, brand or patent protection and are trademarks or registered trademarks of their respective holders. The use of brand names, product names, common names, trade names, product descriptions etc. even without a particular marking in this work is in no way to be construed to mean that such names may be regarded as unrestricted in respect of trademark and brand protection legislation and could thus be used by anyone.

Cover image: www.ingimage.com

This book is a translation from the original published under ISBN 978-3-659-86093-5.

Publisher:
Sciencia Scripts
is a trademark of
Dodo Books Indian Ocean Ltd. and OmniScriptum S.R.L publishing group

120 High Road, East Finchley, London, N2 9ED, United Kingdom
Str. Armeneasca 28/1, office 1, Chisinau MD-2012, Republic of Moldova, Europe
Printed at: see last page
ISBN: 978-620-7-84706-8

Índice:

Dedicated to
My Beloved Parents

RECONHECIMENTO

Antes de começar a pintar, deixem-me admitir verdadeiramente que é praticamente impossível mencionar todo o apoio digno, a cooperação amável e a orientação direcional dada pelos meus honrosos professores, amigos que me apoiam, familiares carinhosos e todos os meus simpatizantes. Com um profundo sentido de devoção, curvo-me e rezo aos pés do Senhor Viswanath e de Sankat Mochan Hanuman Ji. Com profundos cumprimentos, num sentido mais pessoal, tenho profundas dívidas para com os meus venerados pais, **Shri Mahendra Singh** *e* **Smt. Patasi Devi**, *que me ensinaram o valor da sabedoria baseada na erudição, mas sem serem escravizados por ela, e a sua inspiração persistente, sacrifício altruísta, encorajamento contínuo e bênção deram uma ajuda incansável e permitiram-me ser o que sou hoje. Gostaria também de manifestar o meu afeto para com os meus irmãos Kapil e Ankit e para com as minhas irmãs Mukta, Subodh, Nisha e Pankaj, que sempre me acompanharam nos meus altos e baixos. Gostaria de exprimir o meu profundo e caloroso apreço pela minha melhor amiga, Sunita, pelo seu constante encorajamento. As graças do Senhor Hanuman Ji abençoaram-me sempre com paciência e poder para ultrapassar as dificuldades que se colocaram no meu caminho para a realização deste projeto. Não me atrevo a agradecer, mas apenas a rezar para que me abençoe sempre.*

Capítulo 1

INTRODUÇÃO

O aumento da população mundial criou uma necessidade urgente de aumentar a produção alimentar. Os elevados rendimentos das culturas, associados a uma maior remoção de nutrientes e à utilização de adubos de alta qualidade, resultaram no esgotamento das reservas de micronutrientes nos solos. Estão a ser observadas deficiências de um número cada vez maior de micronutrientes. Foram registadas respostas de rendimento e qualidade das culturas a uma série de micronutrientes (Gupta *et al.*, 2008). Algumas culturas são específicas nas suas necessidades, por exemplo, as leguminosas e as plantas pertencentes à família Brassicae são particularmente sensíveis aos minerais vestigiais B e Mo. Por outro lado, os cereais apresentam maiores respostas ao Zn e ao Cu, e as beterrabas açucareiras ao Mn.

Os micronutrientes, também conhecidos como oligoelementos ou minerais vestigiais, incluem os nutrientes que são necessários em quantidades extremamente pequenas para as culturas, o gado e os seres humanos. No entanto, este facto não significa de forma alguma que desempenhem um papel secundário. Estes incluem o ferro (Fe), o cobre (Cu), o manganês (Mn), o zinco (Zn), o boro (B), o molibdénio (Mo), o cloro (Cl) e o níquel (Ni). As carências destes nutrientes nas culturas e no gado podem causar graves problemas de produção vegetal ou de saúde animal.

Para estudar as mudanças no estado dos micronutrientes dos solos em várias zonas agro-climáticas, o Conselho Indiano de Investigação Agrícola iniciou um Projeto de Investigação Coordenada em toda a Índia em 1967. Entre os micronutrientes, a deficiência de zinco na cultura do arroz foi observada pela primeira vez na zona do Tarai. A deficiência de zinco foi também observada na cultura do trigo em solos arenosos do Punjab em 1970 e depois na maioria das zonas de cultivo intensivo da Índia. A aplicação de sulfato de zinco a muitas culturas de alto rendimento tornou-se agora uma prática comum para mitigar a deficiência de Zn. Posteriormente, observou-se uma deficiência de ferro nas culturas de arroz, cana-de-açúcar, grão-de-bico e amendoim em solos de textura ligeira.

Sob a égide do programa coordenado para toda a Índia sobre micronutrientes nos solos e nas plantas do ICAR (agora redesignado como projeto de investigação coordenado para toda a Índia sobre elementos secundários, micronutrientes e poluentes nos solos e nas plantas), de mais de
Em 250 000 amostras de solo analisadas até à data em 20 estados do país, 49% das amostras eram deficientes em zinco (Zn). Os solos com baixo teor de Zn produzem plantas e grãos com menor teor de Zn (Rattan *et al.*,   2008). Assim, as pessoas
Os agricultores que se alimentam desses produtos agrícolas têm um teor mais baixo de Zn no plasma sanguíneo do que as zonas que têm um nível adequado de Zn no solo (Singh, 2009). Entre os micronutrientes, a deficiência de Zn está a ocorrer nas culturas e nos seres humanos (Welch e Graham, 2004). A sua deficiência nos regimes alimentares tornou-se um dos principais factores de risco de morte humana a nível mundial (Cakmak, 2008). Num estudo abrangente, Hotz e Brown (2004) referiram que a deficiência de Zn afecta, em média, um terço da população mundial, variando entre 4 e 73% nos países deficitários. A deficiência de zinco é responsável por muitas

complicações graves para a saúde, incluindo a diminuição do crescimento físico, do sistema imunitário e da capacidade de aprendizagem, associada ao risco de infecções, danos no ADN e desenvolvimento de cancro (Hotz e Brown, 2004; Gibson, 2006; Prasad, 2007). Entre as intervenções atualmente utilizadas como principais soluções para a deficiência de Zn nos seres humanos, a fortificação e a suplementação alimentar estão a ser amplamente aplicadas em alguns países (Cakmak, 2008). No entanto, estas abordagens parecem ser dispendiosas e não são facilmente acessíveis aos habitantes dos países em desenvolvimento (Bouis, 2003; Stein *et al.*, 2007; Pfeiffer e McClafferty, 2007). Em alternativa, as estratégias agrícolas, como a reprodução e a fertilização, parecem ser rentáveis e úteis para melhorar o teor de micronutrientes na parte comestível das culturas (Cakmak, 2008).

Devido às deficiências generalizadas de zinco nos solos e nas culturas indianas, o aumento da ingestão de zinco pelos seres humanos através do consumo de cereais ou legumes fortificados está a ser considerado como um dos campos de fronteira da investigação sobre micronutrientes. Mas, ao mesmo tempo, a ingestão excessiva de Zn está associada a várias doenças e perturbações fisiológicas nos seres humanos, como a diminuição da atividade de uma enzima que contém Cu (Cu-Zn-Superóxido dismutase), deficiência de Fe e níveis mais baixos de colesterol de lipoproteínas de alta densidade (HDL) (Gupta e Gupta, 1998). Os riscos para a saúde humana decorrentes de uma ingestão alimentar excessiva de Zn foram expressos como quociente de perigo (HQ) em alguns estudos (Hough *et al.*, 2004; Datta e Young, 2005; Rattan *et al.*, 2005).

As culturas cultivadas nesses solos contaminados por metais acumulam metais em quantidades suficientemente elevadas para causar problemas clínicos tanto aos animais como aos seres humanos que consomem essas plantas ricas em metais. A matéria orgânica é amplamente discutida na literatura como um fator importante, controlando a fitodisponibilidade de metais em solos contaminados (Chang *et al.*, 1997; Hyun *et al.*, 1998; Paulose *et al.*, 2007). Walker *et al.* (2003) verificaram que o estrume de vaca diminuía a disponibilidade de metais devido à formação de sais insolúveis durante a mineralização da matéria orgânica, tais como fosfatos e outros sais. Pelo contrário, Gupta *et al.* (1989) e Singh (1994) registaram um aumento significativo na concentração de Zn, Cu e Ni em grãos e palha de trigo após a adição de estrume de curral (FYM). A aplicação de FYM em solos alcalinos resultou num aumento significativo de Zn, Ni e Cd extraíveis no solo (Singh *et al.*, 1989; Datta *et al.*, 2007; Paulose *et al.*, 2007). É necessário realizar este estudo noutras culturas, como os produtos hortícolas de folha, porque geralmente os produtos hortícolas de folha verde acumulam metais, incluindo o Zn. No entanto, juntamente com o Zn, outros metais vestigiais, como o Fe, o Mn e o Cu, são também muito importantes para a manutenção de várias funções fisiológicas.
e processos metabólicos nos seres humanos (Rattan *et al.*, 2009). A aplicação de zinco pode competir com a absorção de outros catiões de micronutrientes pelas plantas, reduzindo o conteúdo de micronutrientes nas plantas (Yizong *et al.*, 2009; Akay e Koleli,
2007).

O espinafre (*Spinacea oleracea* L.) é uma planta comestível da família das Chenopodiaceae. É originária do centro e do sudoeste da Ásia. É uma planta anual (raramente bienal), que atinge uma altura de até 30 cm. Os espinafres podem sobreviver durante o inverno nas regiões temperadas. As folhas são alternas, simples, ovadas a triangulares, de tamanho muito variável, com cerca de 2-30 cm de comprimento e 115 cm de largura, com as folhas maiores na base da planta e as folhas pequenas mais altas no caule florido. As flores são discretas, verde-amareladas, com 3-4 mm de diâmetro, amadurecendo num pequeno cacho de frutos duros, secos e irregulares, com 5-10 mm de diâmetro e várias sementes. O espinafre é uma planta anual de folhas carnudas de crescimento baixo que forma uma roseta pesada de folhas lisas ou enrugadas. Os legumes, especialmente os de folha, crescem em solos contaminados com metais pesados devido ao facto de absorverem esses metais através das suas folhas (Al Jassir *et al*.2005).

Os espinafres têm um elevado valor nutricional e são extremamente ricos em antioxidantes, especialmente quando frescos, cozidos a vapor ou rapidamente cozidos, são uma fonte rica de vitamina A (e especialmente rica em luteína), vitamina C, vitamina E, vitamina K, magnésio, manganês, folato, betaína, ferro, vitamina B2, cálcio, potássio, vitamina B6, ácido fólico, cobre, proteínas, fósforo, zinco, niacina, selénio e ácidos gordos ómega 3 Recentemente, foram também encontrados nos espinafres péptidos opióides chamados rubiscolinas.

Capítulo 2

Efeito do zinco e dos produtos orgânicos

A deficiência de zinco (Zn) é a carência de micronutrientes mais comum nas terras agrícolas de todo o mundo, causando quebras de rendimento e diminuindo a qualidade nutricional das plantas agrícolas. O Zn é importante para o crescimento das plantas, uma vez que estas necessitam de um equilíbrio adequado de todos os nutrientes essenciais para um crescimento normal e um rendimento ótimo. Os alimentos à base de plantas são fontes significativas de Zn para os seres humanos (Welch e Graham, 2004).

As interacções do Zn com outros nutrientes, as mais difundidas e importantes para a produção vegetal, são as que ocorrem com os fertilizantes N e P em solos com fornecimentos limitados de Zn e N ou P. Interacções semelhantes do Zn com outros nutrientes essenciais também serão importantes em solos com fornecimentos reduzidos de ambos os nutrientes; essa interação do Zn com o Cu foi fortemente reforçada por um efeito do Zn na redução da absorção de Cu e na quase eliminação da produção de grãos no trigo quando o Cu não foi aplicado.

A biofortificação do zinco é uma estratégia de intervenção em desenvolvimento com o objetivo de aumentar o teor de Zn na parte comestível das culturas alimentares de base através de meios agrícolas, agronómicos ou genéticos para melhorar a absorção de minerais do solo e aumentar o seu movimento para as partes comestíveis da planta.

Os efeitos do zinco e dos produtos orgânicos são:

2.1 Efeito da aplicação de zinco e de produtos orgânicos no rendimento das culturas e no teor e absorção de micronutrientes

2.2 Efeito da aplicação de adubos orgânicos na solubilidade e mobilidade vis a vis a fitodisponibilidade dos metais no solo

2.3 Risco para o ser humano de ingestão de metais através do consumo de Palak enriquecido com Zn

2.4 **Efeito da aplicação de zinco e de produtos orgânicos no rendimento das culturas, no teor e na absorção de micronutrientes**

Narwal *et al.* **(1992)** referiram que as concentrações de metais pesados em *Palak* diminuíram 23,17% para o Cu e 19,61% para o Zn no solo tratado com FYM, em comparação com o solo de controlo.

Ahmed *et al.* **(1992)** referiram que A combinação de $P_{80}Zn_{10}Mg_{120}$ contribuiu para um melhor desempenho da interação de Zn e P na presença de Mg é benéfica para maximizar a produção de arroz em solo ácido.

Chatterjee *et al.* **(1996)** referiram que a aplicação de N, K e Zn provocou um aumento significativo da absorção de Zn. Este facto foi associado ao aumento da produção de matéria seca do arroz com N e K e ao aumento da concentração de Zn com a aplicação de Zn e K. Foi observado um efeito sinérgico do Zn sobre o N e o K.

Bansal *et al.* **(1997)** avaliaram o efeito do Zn (0, 50, 100, 200 e 400 $mgkg^{-1}$ solo de $ZnSO_4.7H_2O$) e Mn (0, 50, 100 e 200 mg kg^{-1} solo de $MnSO_4.H_2O$) no rendimento de matéria seca e no conteúdo e absorção de Zn e Mn por berseem cultivado num solo alcalino foi estudado numa experiência em estufa. O rendimento de matéria seca de berseem aumentou significativamente com a aplicação de 50 mg Mn kg^{-1} , mas a adição adicional teve um efeito não significativo no rendimento.

A adição de doses graduais de Zn diminuiu o rendimento de matéria seca, que foi 43,3% inferior ao controlo quando foram aplicados 400 mg Zn kg^{-1} . O teor e a absorção de zinco aumentaram com a aplicação de Zn ou Mn. O teor e a absorção de manganês também aumentaram com a aplicação de até 200 mg Zn kg^{-1} , após o que diminuíram significativamente. A redução significativa no rendimento de matéria seca e na absorção de manganês indicou o efeito antagónico de aplicações pesadas de Zn na utilização de manganês pelo berseem. A desordem Zn-Mn foi significativamente relacionada com o conteúdo de Zn, bem como com as relações de concentração de Zn: Mn no solo e nas plantas. Razões de concentração de Zn: As relações de concentração de Zn: Mn de 27,3 no solo e 11,0 nos tecidos das plantas foram consideradas críticas, acima das quais se verificou uma redução no rendimento.

Nayyar *et al.* **(2000)** sugeriram que a melhoria nos rendimentos do arroz poderia ser devida ao aumento de Fe e Mn com a adubação verde da sesbania. A aplicação de Zn @ 27 mg kg^{-1} solo provou ser tóxica para o crescimento do milho, uma vez que foi observada uma redução na biomassa das plantas. Além disso, a coloração púrpura das folhas era óbvia, indicando sintomas típicos de deficiência de fósforo nesta taxa mais elevada de aplicação de Zn. Para obter 95% do rendimento relativo de matéria seca de rebentos em Soneri (variedade indígena) e FHY-421 (híbrido), a concentração de Zn nos seus rebentos foi de 9,5 e 6,3 mg kg^{-1} respetivamente.

Xu *et al.* **(2005)** estudaram o rendimento e a qualidade de vegetais de folha cultivados com fertilizantes orgânicos e mostraram que as taxas de aplicação eram de 40 t/ha para estrume de galinha e de gado, 1,5 t/ha de adubo basal e 1,0 t/ha de adubo lateral para o composto de retorno. Os fertilizantes inorgânicos 2:3:2 (22) + 0,5 % de zinco (Zn) e nitrato de amónio calcário (LAN 28%) foram incluídos em taxas de aplicação específicas de 955 kg/ha na cobertura basal e 100 kg/ha na cobertura lateral como controlo. Os resultados mostraram que o tipo de fertilizante aplicado afectou significativamente (P<0,05) o crescimento, o rendimento e a qualidade nutricional da alface. Foi observada uma tendência para a superioridade dos diferentes tipos de fertilizantes orgânicos, uma vez que o estrume de galinha apresentou valores relativamente mais elevados no número de folhas, altura da planta, rendimento comercializável e massa seca média das folhas. O estrume de gado ficou em segundo lugar, depois o composto de ressalto e, por último, os fertilizantes inorgânicos. No entanto, as plantas produzidas com composto de ressalto apresentavam teores mais elevados de cálcio, ferro e Zn em massa fresca, enquanto as plantas produzidas com estrume de bovino vinham em seguida, e depois com fertilizantes inorgânicos e, por último, com estrume de galinha. Os testes organolépticos mostraram que não houve diferenças significativas (P> 0,05) na aparência e no sabor entre os tratamentos

Mirshekali *et al.* **(2012)** observaram que o zinco (Zn), enquanto metal pesado, desempenha um papel importante em muitas funções bioquímicas das plantas. No entanto, a quantidade excessiva de zinco é um dos factores limitantes de crescimento mais importantes nos solos. No presente estudo, os efeitos de várias concentrações de Zn na biomassa, no teor de clorofila e no teor de Zn de Sorghum bicolor e

Chenopodium album foram estudados no campo de investigação da Universidade de Urmia, Urmia, Irão, em 2011. As plantas foram cultivadas em vasos durante um período de 3 meses em solos que continham concentrações de zinco que variavam entre 100,7, 300,7, 500,7, 900,7, 1300,7 e 2100,7 mg de zn/kg de solo. No final da estação de crescimento, foram medidos a altura das plantas, a clorofila a, b e o teor total de clorofila, a biomassa, a concentração de Zn nas plantas e o Zn biodisponível dos solos. Os resultados indicaram que, em geral, com o aumento da concentração de Zn no solo, a altura das plantas, o teor de a, b,

e a clorofila total e a biomassa diminuíram significativamente (P 0,05). Com um
O aumento da concentração de Zn no solo, o Zn no Common lambsquarter foi aumentado até um máximo de 1213 mg/kg (na concentração de 2100 mg zn/kg de solo). A concentração máxima de Zn no sorgo foi de 2538 mg/kg (na concentração de 500 mg zn/kg de solo). Além disso, registou-se uma correlação significativa entre o Zn do solo extraível com NH4NO3 e resposta das plantas à poluição por Zn.

Choudary *et al.* **(2014)** realizaram uma experiência em Jawaharlal Nehru Krishi Vishwavidyalaya, Jabalpur, onde relataram que o Zinco @ de 5 ppm produziu a maior altura de planta, ramos de planta^{-1} , cápsula de planta^{-1} , cápsula de grãos^{-1} , peso de 100 grãos (g) e pote de rendimento de grãos^{-1} (g), o mais baixo do controlo em todos os componentes de rendimento da soja.

Imran *et al.* **(2015)** efectuaram um
O objetivo da experiência foi descobrir o efeito de diferentes métodos de aplicação de Zn (preparação de sementes, imersão de raízes, aplicação no solo, aplicação foliar e solo + aplicação foliar) no crescimento e rendimento da cultura do arroz. Verificou-se que a aplicação de zinco aumentou significativamente (P<0,05) o rendimento da palha em comparação com o controlo.
Foi observado um aumento máximo de 28% na aplicação de Zn no solo + foliar, seguido de um aumento de 22% apenas com a aplicação de Zn no solo. Enquanto que o aumento mínimo na produção de palha foi observado com os tratamentos de preparação de sementes e imersão de raízes. O rendimento do arroz em casca também foi significativamente (P<0,05) influenciado por vários tratamentos com Zn. Semelhante à produção de palha, a produção de arroz foi máxima (4,8 t ha^{-1}) com solo + aplicação foliar de Zn seguido por aplicações únicas no solo e folhagem, respetivamente. A preparação das sementes não influenciou significativamente o rendimento do arroz em casca, mas apenas os tratamentos com Zn no solo, foliar e solo + foliar aumentaram significativamente (P<0,05) o peso dos grãos. Mais uma vez, este foi máximo (32% superior ao tratamento de controlo) com a aplicação de Zn no solo + foliar, seguido da aplicação única de Zn no solo e na folhagem, respetivamente.

Ray *et al.* **(2015)** Foi realizada uma experiência em vasos com efeito de estufa para avaliar os efeitos do Zn aplicado e dos produtos orgânicos no teor de Zn dos rebentos e na produção de biomassa seca de *Chenopodium album* cultivado em solos ácidos e alcalinos. O teor de zinco aumentou significativamente com o aumento do nível de Zn. O teor de zinco é reduzido em grande medida devido à aplicação de estrume de curral (FYM) e lamas em solo ácido. No que diz respeito à produção de biomassa seca, a cultura respondeu positivamente ao nível aplicado de Zn @ 5 mg kg^{-}

[1] em solo alcalino, enquanto tal resposta foi conspicuamente ausente em solo ácido. No caso do solo alcalino, a redução significativa no rendimento de biomassa seca ocorreu apenas a 100 mg Zn kg^{-1} , enquanto essa redução foi registada no solo ácido mesmo a 50 mg Zn kg^{-1} . Com referência às doses dietéticas recomendadas de Zn para humanos, é possível um enriquecimento substancial de Chenopodium em termos de teor de Zn devido à aplicação de Zn de fontes externas. Tendo em consideração os riscos para a saúde, a taxa aplicada de Zn pode ir até 100 mg kg^{-1} para solos alcalinos, contra 50 mg kg^{-1} para solos ácidos, para enriquecer o Chenopodium com Zn.

Ram *et al.* (2015) realizaram uma experiência de campo na Universidade Banaras Hindu, Varanasi, durante a estação das chuvas, 2006-07 e 200708. As variáveis de teste consistiram em duas variedades, ou seja, NDR-359 e HUBR 2-1, duas fontes de aplicação de fertilizantes, ou seja, 100% da dose recomendada de fertilizante (RFD) de NPK através de fonte inorgânica e 75% RFD através de inorgânico e o restante 25% através de FYM. Dois micronutrientes, Zn e Fe, através de Zn-EDTA e Fe-EDTA, foram testados em combinações indiferentes no solo ou como fertilizante foliar
ou ambas @0   ,5 e 1,0 Kg ha^{-1} .
Entre as variedades, a var. NDR-359 registou um crescimento, rendimento e NPK
do grão do que o HUBR 2-1, enquanto o teor de Zn e Fe aumentou significativamente no HUBR 21. A fonte de fertilizante como a aplicação de 75% de RFD através de inorgânicos e o resto através de FYM registou um crescimento significativamente maior, rendimento e conteúdo de N, P, K, Zn e Fe do grão do que 100% RFD através de fonte inorgânica. Entre os diferentes tratamentos de micronutrientes, a aplicação no solo de Zn-EDTA @ 1 Kg ha^{-1} registou um teor significativamente mais elevado de Zn no grão, enquanto a aplicação de Fe-EDTA @0,5 Kg ha^{-1} registou um teor significativamente mais elevado de Fe no grão, em comparação com outros tratamentos de micronutrientes

Imran *et al.* (2016) aplicaram Zn em vasos como ZnSO4 - 7H2O à cultivar de milho DK-6142 como pulverização foliar (0,5% p/v de Zn pulverizado 25 dias após a semeadura e 0,25% p/v no tasseling), transmissão de superfície (16 kg Zn ha^{-1}), bandagem subsuperficial (16 kg Zn ha^{-1} na profundidade de 15 cm), transmissão de superfície + foliar e bandagem subsuperficial + foliar em comparação com um controle não fertilizado. Em comparação com o controlo, todos os tratamentos aumentaram significativamente ($P < 0,05$) o crescimento, o rendimento e os atributos nutricionais do milho. As concentrações de Zn e proteína nos grãos foram correlacionadas e variaram de 22,3 a 41,9 mg kg^{-1} e 9 a 12 %, respetivamente. A fertilização com zinco também reduziu significativamente o fitato dos grãos e aumentou a concentração de Zn nos grãos. A adubação com zinco, especialmente a difusão e a aplicação em faixas na subsuperfície, combinada com pulverização foliar, diminuiu a relação [fitato]: [Zn] para 28 e 21 e aumentou a biodisponibilidade de Zn pelo modelo trivariado de absorção de Zn para 2,04 a 2,40, respetivamente.

Poonia *et al.* (2001) avaliaram o efeito do estrume de curral (FYM: 0, 2,5 e 5% em base de peso seco) na sorção relativa de Cu, Zn, Co e Cd em três amostras de solo de regiões semiáridas e húmidas da Índia, que diferiam muito em termos de pH, capacidade de troca catiónica, mineralogia da argila e teor de óxidos de ferro e manganês livres. A tendência geral para a seletividade relativa da sorção de iões metálicos em diferentes solos seguiu a ordem Cu>Zn>Cd>Co, e aumentou com o aumento do pH. A aplicação de FYM aumentou a energia livre padrão da reação de sorção Ca-M (Delta Go) para todos os metais no solo de Hisar (alcalino), mas diminuiu-a nos solos de Kuptipara (solo ácido de cultivo de arroz) e de Beltola (solo vermelho altamente desgastado). Estes resultados sugerem que a seletividade relativa destes iões metálicos, para além de ser fortemente afetada pelo pH inicial do solo, é também influenciada pelos óxidos livres e pelo teor de matéria orgânica no solo.

Xu et al. **(2005)** referiram que a aplicação de FYM aumentou significativamente o Zn e o Cu extraíveis por DTPA no solo. Karaca (2004) referiu que o Zn extraível por DTPA aumentou devido à adição de correctivos orgânicos, como pó de tabaco, composto de cogumelos, etc. Do mesmo modo, vários autores referiram que a aplicação de resíduos orgânicos aumentou o Zn extraível no solo (MacLean, 1976; Mandal e Hazra, 1997; Arnesen e Singh Kimenyu *et al.* (2009) relataram a acumulação substancial de Zn em *Amaranthus hybridus* como resultado do acréscimo externo de Zn através de $ZnSO_4.7H_2O$.

Mapanda *et al.* **(2005)** concluíram que as culturas hortícolas de folha são acumuladoras eficientes de metais; é relativamente mais fácil enriquecer estes produtos hortícolas através da aplicação de Zn no solo. Os metais pesados acumulam-se facilmente na parte comestível dos produtos hortícolas de folha, em comparação com os cereais e as culturas alimentares. Normalmente, a absorção excessiva de um micronutriente ou catião metálico inibe a absorção e a translocação de outros catiões metálicos nas plantas (Fargasova, 2001; Alexander *et al.*, 2006; Akay, 2007; Yizong *et al.*, 2009). Esta interação negativa entre micronutrientes ou catiões metálicos nas plantas pode funcionar como um obstáculo ao aumento da concentração de Zn na parte comestível das plantas.

Chaudhary *et al.* **(2005)** efectuaram uma experiência a longo prazo (1967-2001) em Hisar, na Índia, em que o milho-miúdo (*Pennisetum typhoides*) e o trigo (*Triticum aestivum*) foram cultivados durante o verão e o inverno numa rotação. Os tratamentos consistiram em estrume de curral (FYM) à taxa de 15, 30 e 45 Mg ha^{-1} durante uma ou ambas as estações. Um tratamento sem FYM foi mantido como controlo. Isto fez com que o número total de tratamentos fosse 10, juntamente com 2 níveis de azoto a 0 e 120 kg ha^{-1} . As amostras de 0-15   , 15-30 e Foram recolhidas amostras de solo a 30-45 cm de profundidade e analisadas quanto ao teor total e extraível de DTPA de zinco, ferro, manganês e cobre. A aplicação de FYM aumentou significativamente o teor total e extraível de DTPA de todos os micronutrientes estudados em todas as profundidades do solo. O aumento foi maior na camada superficial do que nas profundidades inferiores. O tempo de aplicação da palha influenciou o teor de micronutrientes do solo. O teor de micronutrientes extraíveis por DTPA e o teor total de micronutrientes foram mais elevados quando a FYM foi aplicada no inverno do que no verão. A aplicação de N não tem efeito no teor de micronutrientes extraíveis por DTPA ou no teor total de micronutrientes.

Hseu *et al.* **(2006)** avaliaram a aplicação de biossólidos nos solos a taxas de aplicação de 10, 50 e 100 Mg ha^{-1} e correlacionaram o ácido dietileno triamina pentaacético (DTPA) e a extração sequencial como extrato para prever a biodisponibilidade de Zn para a couve chinesa (Brassica chinensis L.). As fracções permutáveis (F1) e de óxido de Fe-Mn (F3) nas extracções sequenciais aumentaram com a taxa de aplicação de biossólidos nos solos ao longo do tempo. As concentrações de Zn extraíveis por DTPA em todos os solos tratados com biossólido diminuíram ao longo do tempo. Foi encontrada uma correlação positiva e significativa r(2) = (0,96) entre as concentrações de Zn extraídas com DTPA e a soma das fracções F1 e ligada ao carbonato (F2) nas extracções sequenciais. Além disso, as concentrações de Zn extraídas com DTPA estavam fortemente correlacionadas com as concentrações de Zn nos rebentos das couves chinesas, indicando que F1+F2 nas extracções sequenciais era fiável para prever a biodisponibilidade de Zn para as couves chinesas nos solos tratados com biossólidos.

Marques *et al.* (2007) avaliaram plantas cultivadas no solo contaminado local (níveis de Zn de 433 mg kg^{-1}) acumularam até 1191 mg kg^{-1} de Zn nas raízes, 3747 mg kg^{-1} nos caules e 3409 mg kg^{-1} nas folhas. As plantas de S. nigrum cultivadas no mesmo solo enriquecido com Zn extra (níveis de Zn de 964 mg kg^{-1}) acumularam até 4735, 8826 e 7948 mg kg^{-1} nas folhas, caule e raízes, respetivamente. A adição de EDTA promoveu um aumento na concentração de Zn acumulado por S. nigrum de até 231% nas folhas, 93% nos caules e 81% nas raízes, enquanto a aplicação de EDDS aumentou a acumulação nas folhas, caule e raízes até 140, 124 e 104%, respetivamente.

Singh *et al.* (2010) referiram que a fitodisponibilidade de Cu, Zn e Mn era mais baixa no solo tratado com estrume de curral (FYM) em comparação com o solo de controlo não tratado.

Ray *et al.* (2013) realizaram uma experiência em estufa para estudar o efeito da aplicação de zinco (Zn) no teor de ferro (Fe), manganês (Mn) e cobre (Cu) na porção comestível de Chenopodium (Chenopodium album L var. Pusa bathua no. 1). Foram aplicados quatro níveis de Zn (0, 5, 50 e 100 mg kg^{-1}) e três níveis de produtos orgânicos (controlo, 3% de FYM e 3% de lamas) para avaliar o teor de Fe, Mn e Cu nos rebentos de Chenopodium cultivados em solos ácidos e alcalinos. Os resultados indicaram que o teor de Fe no rebento diminuiu 13,3, 32,9 e 43,9% a 5, 50 e 100 mg kg^{-1} de Zn aplicado, respetivamente, em relação ao controlo. Foi registada uma redução mais ou menos semelhante do teor de Mn nos rebentos a diferentes níveis de Zn aplicado. No entanto, o efeito da aplicação de Zn no conteúdo de Cu não foi estatisticamente significativo. Em média, verificou-se que o teor de Fe e Mn em Chenopodium foi reduzido significativamente devido à aplicação de FYM e de lamas em relação ao controlo (sem orgânicos), mas verificou-se uma redução significativa do teor de Cu associada à aplicação de lamas.

Khan *et al.* (2014) realizaram uma experiência em vaso para determinar com Zn, Cu, Fe, Mn em diferentes níveis, mas aumentaram a produção de raízes, plantas altura, comprimento da espiga e peso de cem grãos de trigo, em comparação com a cultura não inoculada. Os teores de Zn, Cu, Fe e Mn no solo após a colheita de 2, 4,4, 2,8 e 2,9 mg kg^{-1} , respetivamente, foram máximos em plantas não inoculadas tratadas com Zn, Cu, Fe, Mn, no triplo do nível recomendado. Não foram observados aumentos na absorção de P, N, Zn, Cu, Fe e Mn pela planta com a inoculação de AMF quando comparada com a cultura não inoculada. O consumo máximo de Zn, Cu, Fe e Mn pelas plantas foi de 1605, 206, 1914,6 e 2653 g ha^{-1} , respetivamente, foram registados em plantas não inoculadas aplicadas com níveis triplos recomendados de Zn, Cu, Fe, Mn.

Pataco *et al.* (2015) relataram que a aplicação de ferro e zinco como tal, bem como enriquecido com orgânicos (FYM & Vermicompost) com dois níveis de dose recomendada de nitrogênio e fósforo (RDNP). O RDNP com produtos orgânicos sem ferro e zinco (i.e. T_1) foi tratado como controlo. O efeito da aplicação de produtos orgânicos enriquecidos com Fe-Zn com RDNP aumentou o rendimento do grão e da biomassa do trigo em 2,3 a 6,6% em comparação com a aplicação direta e em 5,6 a 10,3% em comparação com a não aplicação dos micronutrientes. Da mesma forma, uma melhoria apreciável no SOC (28%), no azoto disponível (5%) e fósforo disponível (22%) que são equivalentes ou melhores do que o controlo. No entanto, o efeito da aplicação de produtos orgânicos enriquecidos com Fe-Zn com RDNP não mostrou qualquer efeito na absorção de azoto e fósforo pelo trigo. Por conseguinte, estas diferenças parecem dever-se à aplicação de produtos orgânicos e RDNP. Pelo contrário, a disponibilidade de Fe (5,9 a 18,4 %) e de Zn (24,3 a 48,5 %), bem como a sua absorção (12,9 a 24,1 % para o Fe e 13,4 a 28,8 % para o Zn) pelo trigo, aumentaram consideravelmente com a aplicação de produtos orgânicos enriquecidos com Fe-Zn, em comparação com a aplicação direta e sem aplicação destes micronutrientes. Além disso, é interessante que a disponibilidade (10 a 37%), bem como a absorção (17 a 32%) destes micronutrientes, foi consideravelmente maior com 50% de RDNP em comparação com 100% de RDNP, possivelmente devido ao efeito antagónico do fósforo.

Khattak *et al.* (2015) realizaram uma experiência para avaliar a disponibilidade de zinco (Zn) para o trigo em solos alcalinos durante a Rabi 2009-2010. Plântulas de trigo em vasos com 2 kg de solo arenoso alcalino por vaso foram tratadas com 5, 10 e 15 kg de Zn ha^{-1} como solo e com 0,5 e 1,0% de sulfato de zinco ($ZnSO_4$) como aplicação foliar. Os resultados mostraram que os níveis crescentes de Zn no solo ajudaram na absorção de fósforo até à fase de arranque, mas a sua conversão em porção de grão falhou nas plantas tratadas com Zn. A absorção de potássio (K) também aumentou até 6,24% na fase de arranque com o tratamento de 10 kg Zn ha^{1} + 1,0% $ZnSO_4$ pulverização foliar. A concentração de zinco (Zn) aumentou nos tecidos das plantas com o aumento do nível de aplicação de Zn, mas isso perturbou a interação fósforo (P)-Zn e, assim, ambos os nutrientes foram encontrados em menores quantidades nos grãos em comparação com o controlo. Apesar do aparente nível suficiente de Zn no solo (1,95 mg kg^{-1}), a melhoria nos parâmetros de crescimento e rendimento com a aplicação de Zn indica que o solo estava esgotado em termos de Zn disponível para a planta. Os resultados acima sugerem que o valor da suficiência de Zn em solos alcalinos (1,0 mg kg^{-1}) deve ser revisto de acordo com a natureza e o tipo de solos.

Sabir *et al.* (2015) realizaram uma experiência para avaliar a disponibilidade de zinco (Zn) para o trigo em solos alcalinos durante a Rabi 2009-2010. Plântulas de trigo em vasos com 2 kg de solo arenoso alcalino por vaso foram tratadas com 5, 10 e 15 kg de Zn ha^{-1} como solo e com 0,5 e 1,0% de sulfato de zinco ($ZnSO_4$) como aplicação foliar. Os resultados mostraram que os níveis crescentes de Zn no solo ajudaram na absorção de fósforo até à fase de arranque, mas a sua conversão em porção de grão falhou nas plantas tratadas com Zn. A absorção de potássio (K) também aumentou até

6,24% na fase de arranque com o tratamento de 10 kg Zn ha^{-1} + 1,0% ZnSO4 pulverização foliar. A concentração de zinco (Zn) aumentou nos tecidos das plantas com o aumento do nível de aplicação de Zn, mas isso perturbou a interação fósforo (P)-Zn e, assim, ambos os nutrientes foram encontrados em menores quantidades nos grãos em comparação com o controlo. Apesar do aparente nível suficiente de Zn no solo (1,95 mg kg^{-1}), a melhoria nos parâmetros de crescimento e rendimento com a aplicação de Zn indica que o solo estava esgotado em termos de Zn disponível para as plantas.

2.2 Efeito da aplicação de adubos orgânicos na solubilidade e mobilidade vis a vis a fitodisponibilidade dos metais no solo

Hooda *et al.* (1997) verificaram que a absorção de metais pelo azevém aumentava com a adição de lamas. Gupta *et al.* (1989) e Singh (1994) também registaram um aumento significativo da concentração de Zn, Cu e Ni nos grãos e na palha de trigo após a adição de FYM. Para além disso, vários outros investigadores obtiveram também um efeito positivo da adição de FYM na fitodisponibilidade de metais nos solos (Datta *et al.*, 2007; Paulose *et al.*, 2007).

Madrid (1999) indicou que as alterações orgânicas podem aumentar a solubilidade dos metais através da produção de ligandos que quelam os metais, bloqueando assim a sua sorção e promovendo a sua libertação através da formação de complexos metálicos solúveis. Além disso, a matéria orgânica pode modificar o pH, o que influencia a natureza e a extensão da retenção de metais pelos compostos orgânicos sólidos e solúveis.

Walker *et al.* (2003) atribuíram este efeito negativo à formação de sais insolúveis durante a mineralização da matéria orgânica, tais como fosfatos e outros sais. Foram estudados dois solos calcários contaminados com metais pesados da região mediterrânica de Espanha. Um solo, da província de Múrcia, caracterizava-se por níveis totais muito elevados de Pb (1572 mg kg^{-1}) e Zn (2602 mg kg^{-1}), enquanto o segundo, de Valência, apresentava concentrações elevadas de Cu (72 mg kg^{-1}) e Pb (190 mg kg^{-1}). Foram determinados os efeitos de dois aditivos orgânicos contrastantes (estrume fresco e composto maduro) e do quelato ácido etileno diamino tetra acético (EDTA) no fracionamento do Cu, Fe, Mn, Pb e Zn no solo, na sua absorção pelas plantas e no crescimento das plantas.

Dias *et al.* (2003) observaram que as plantas resíduos em oxisol ácido diminuíram a disponibilidade de Cu e Zn devido à formação de complexos orgânicos de metais fortes no solo. Verificou-se que os micronutrientes extraíveis por DTPA (Zn, Cu, Ni, Cd) diminuíam num solo de xisto de alúmen (dominado por minerais piríticos na Noruega) corrigido com materiais orgânicos, como estrume de vaca (Narwal e Singh, 1998). A redução do Zn extraível por DTPA num solo tratado com FYM foi também registada por Paulose (2003).

Strobel *et al.* (2005) mostraram que o carbono orgânico dissolvido (DOC) aumentou a libertação de Cu do solo de menos de 8% (sem) para mais de 20% (com) de Cu extraível. A disponibilidade de Fe também foi afetada pela formação de complexos de Fe e DOC (Raulund *et al.*, 1998). A aplicação de adubos orgânicos e resíduos de culturas para o solo tem demonstrado aumentar a quantidade de matéria orgânica dissolvida (MOD) no solo, o que pode facilitar o transporte de metais no solo

e nas águas subterrâneas, actuando como um transportador
através da formação de complexos metal-orgânicos solúveis (McCarthy e Zachara, 1989; Temminghoff *et al.*, 1997). A extensão destas interacções depende do metal específico, do tipo de solo em causa e também das características da matéria orgânica, como o grau de humificação, o teor de metais e sais e o seu efeito no pH do solo (Ross, 1994; Narwal e Singh, 1998; Walker *et al.*, 2003).

Chaudhary e Narwal (2005) referiram que a aplicação de FYM aumentou significativamente o Zn e o Cu extraíveis por DTPA no solo. Karaca (2004) referiu que o Zn extraível por DTPA aumentava devido à adição de correctivos orgânicos, como pó de tabaco, composto de cogumelos, etc. Do mesmo modo, vários autores referiram que a aplicação de resíduos orgânicos aumentou o Zn extraível no solo (MacLean, 1976; Mandal e Hazra, 1997; Arnesen e Singh, 1999).

Singh *et al.* (2010) relataram que a aplicação de FYM mostrou uma redução máxima nas concentrações de metais extraíveis com EDTA 0,05 M (9,58% para Cu, 7,93% para Pb, 18,2% para Ni e 7,18% para Cr) em comparação com o controlo. Os efeitos contraditórios do adubo orgânico e das lamas de depuração, tal como relatados sobre a solubilidade e a capacidade de extração, também se reflectiram no teor de metais nas plantas. A aplicação de resíduos orgânicos biodegradáveis e de estrume de vaca é considerada como tornando os metais menos biodisponíveis (Basta *et al.*, 2001; Clemente *et al.*, 2007).

Singh *et al.*   (2010) referiram que
A fitodisponibilidade de Cd, Cu, Pb, Zn, Mn, Ni e Cr foi mais baixa no solo tratado com FYM em comparação com o solo de controlo não tratado. É referido que as alterações orgânicas são capazes de diminuir a biodisponibilidade dos metais, transferindo-os de formas disponíveis para as plantas, extraíveis com água ou soluções de sais neutros como o $CaCl_2$, para fracções associadas à matéria orgânica, carbonatos ou óxidos metálicos (Walker *et al.*, 2004).

Gallardo-Lara *et al.* (1999) referiram que a concentração de Cu e Zn na cultura da alface cultivada em solo calcário aumentou devido à aplicação de composto de resíduos urbanos. Também foi registado um aumento da concentração de Zn na alface cultivada em solo ácido alterado com lamas de depuração (Giordano *et al.*, 1979).

2.3 Risco para o ser humano de ingestão de metais através do consumo de espinafres enriquecidos com Zn

A dieta indiana é essencialmente vegetariana e consiste em vários cereais e legumes. De acordo com as recomendações do Conselho Indiano de Investigação Médica (ICMR, 1987), uma dieta vegetariana equilibrada para um adulto indiano consiste em cerca de 400 g de cereais, 50 g de leguminosas e 150 g de legumes. É atualmente bem reconhecido que vários oligoelementos são constituintes essenciais das enzimas e desempenham um papel vital no metabolismo humano. Para todos os elementos essenciais ao metabolismo, existe um intervalo de ingestão em que o seu fornecimento é adequado para o organismo. No entanto, para além deste intervalo, observam-se efeitos adversos da ingestão de metais no ser humano (Merian, 1991). Por isso, é essencial determinar o conteúdo elementar dos alimentos e estimar a sua ingestão diária (Jansen *et al.*, 1990).

Burch *et al.* (1973) referiram que um corpo humano adulto de 70 kg contém 1,4

a 2,3 gramas de Zn. O adulto médio ingere 10 a 15 mg de Zn diariamente e absorve cerca de 5 mg, principalmente a partir da
intestino delgado. Desde a descoberta deste elemento como um nutriente essencial para os organismos vivos, foram identificados muitos papéis bioquímicos diversos para o Zn. Estes incluem papéis na função enzimática (Vallee *et al.* 1993), no metabolismo dos ácidos nucleicos (Miller *et al.*, 1967), na sinalização celular (McNulty e Taylor, 1999) e na apoptose (Zalewski *et al.*, 1993). O zinco é essencial para os processos fisiológicos, incluindo o crescimento e o desenvolvimento (Prasad, 1985), o metabolismo dos lípidos (Cunnane, 1988), a função cerebral e imunitária (Prasad, 1985, Endre *et al.*, 1975).

Vallee *et al.* (1993) referiram que os factores dietéticos que reduzem a disponibilidade de Zn são a causa mais comum de deficiência de Zn, mas os defeitos hereditários também podem resultar em deficiência de Zn. Tanto a deficiência nutricional como a hereditária de Zn produzem sintomas semelhantes. Uma caraterística notável da deficiência de Zn é a vasta gama de patologias produzidas. Este facto não é surpreendente, tendo em conta o número de processos fisiológicos para os quais o Zn é necessário e o facto de mais de 300 enzimas dos mamíferos serem dependentes do Zn.

Aggett, 1983 relatou que os efeitos iniciais da deficiência de Zn incluem dermatite, diarreia, alopecia
e perda de apetite. Uma carência mais prolongada resulta em perturbações do
crescimento e alterações neuropsicológicas como instabilidade emocional, irritabilidade e depressão (Halsted *et al.*, 1972, Prasad, 1991). Deficiência imunitária Também foram registadas síndromes de deficiência de Zn, que conduzem a uma maior suscetibilidade a infecções e que podem levar à morte dos doentes (Rodin e Goldman, 1969, Julius *et al.*, 1973, Beach *et al.*, 1980). Um número impressionante de 27% da população total da Índia é afetada por doenças relacionadas com a deficiência de Zn, tais como um sistema imunitário deficiente, diarreia, fraco crescimento físico e mental (Organização Mundial de Saúde 2007). A deficiência de zinco é responsável por cerca de 4,4 % do total de mortes de crianças no mundo (Black 2003).

Hough *et al.* (2004) avaliaram o risco potencial de exposição a metais pesados decorrente do consumo de legumes produzidos em casa por populações urbanas e expressaram-no como quociente de perigo (HQ). Os autores referiram que a maior parte da população não sentiria qualquer tipo de efeitos nocivos para a saúde devido ao consumo de produtos hortícolas cultivados nessa área específica. O risco para a cadeia alimentar humana decorrente do consumo de produtos hortícolas de folha verde cultivados em solos que recebem lamas de depuração a longo prazo foi também avaliado por Datta e Young (2005), que calcularam o quociente de perigo para a ingestão de produtos hortícolas por seres humanos. Giri *et al.* (2011) avaliaram o risco para a saúde devido à ingestão de radionuclídeos naturais e metais pesados nas amostras de leite de uma zona de extração mineira de urânio proposta, utilizando o QG como ferramenta.

Rattan *et al.* (2005) avaliaram o risco para os seres humanos do consumo de vegetais de folha verde no que respeita aos seus teores de metais pesados cultivados em solos irrigados com águas residuais e referiram que os vegetais podem ser consumidos com segurança pelos seres humanos.

Singh *et al.* **(2010)** avaliaram o risco para a saúde associado à contaminação das plantas por metais pesados e calcularam o Índice de Risco para a Saúde (IRS) de metais pesados através da ingestão de géneros alimentícios provenientes de locais irrigados com águas residuais.

Ray *et al.* **(2015)** comunicaram as doses dietéticas recomendadas de Zn para os seres humanos; é possível um enriquecimento substancial de *Chenopodium* em termos de teor de Zn devido à aplicação de Zn de fontes externas. Tendo em conta os riscos para a saúde, a taxa aplicada de Zn pode ir até 100 mg kg^{-1} para solos alcalinos, contra 50 mg kg^{-1} para solos ácidos, para enriquecer o *Chenopodium* com Zn.

Capítulo 3

Efeito de diferentes níveis de Zn e de adubos orgânicos no rendimento, na clorofila e no teor de zinco na cultura do espinafre

3.1 Rendimento em peso fresco de espinafres

Os resultados indicaram que, em média, o rendimento de Palak no primeiro corte aumentou marginalmente devido à aplicação de Zn @ 5 mg kg^{-1} solo sobre o controlo, que foi estatisticamente aumentado com o nível aplicado de 40 mg Zn kg^{-1} solo (Quadro 4.1).

Aplicação de FYM @3%   significativamente aumentou o peso fresco de Palak no primeiro corte em relação ao controlo, onde nenhum orgânico foi adicionado (Tabela 4.1). Em média, o peso fresco foi significativamente maior no solo adicionado com PM (6,64 g $pote^{-1}$) do que no solo adicionado com FYM (6,59 g $pote^{-1}$); embora o peso fresco tenha aumentado tanto no solo adicionado com PM como com FYM em relação ao controlo (3,85 g $pote^{-1}$). O aumento do peso fresco em relação ao respetivo controlo deve-se à aplicação de estrume de aves. Os efeitos interactivos do Zn aplicado e dos estrumes orgânicos, tal como apresentados no quadro 4.1.1, indicaram que o peso fresco do espinafre aumentou no estrume de aves e no solo com adição de FYM a todos os níveis de Zn aplicado.

3.2 Rendimento de matéria seca

Os resultados indicaram que, em média, o rendimento de matéria seca de Palak no primeiro corte aumentou marginalmente (7,7%) devido à aplicação de Zn @ 5 mg kg^{-1} solo sobre o controlo, que foi estatisticamente aumentado com o nível aplicado de 40 mg Zn kg^{-1} solo Tabela 4.3 e Figura 4.3.

O rendimento de matéria seca no primeiro corte de Palak respondeu positivamente ao nível aplicado de 5 mg Zn kg^{-1}. A resposta positiva dos espinafres, rabanetes, ervilhas e pimentos à aplicação de

Quadro 4.1 Efeito do zinco aplicado e dos adubos orgânicos na produção de peso fresco (g $vaso^{-1}$) de espinafres (primeiro e segundo corte)

Tratamentos	Primeiro corte (30 DAS)	Segundo corte (55 DAS)
Teores de zinco (Zn) (mg kg-1)		
Zn0	5.22	4.26
Zn5	5.74	4.67
Zn20	5.88	4.75
n40	5.93	4.77
SEm±	0.01	0.26
CD (P=0,05)	0.04	0.76
Adubos orgânicos (OM)		

Noorganics (Controlo)		
	3.85	3.32
PM	6.64	5.27
FYM	6.59	5.25
SEm±	0.01	0.22
CD (P=0,05)	0.03	0.65
Zn x OM	S	NS

Quadro 4.1.1 Efeito interativo do zinco aplicado e dos adubos orgânicos na produção de peso fresco (g vaso^{-1}) de espinafres (primeiro corte)

Tratamentos	Sem produtos orgânicos (controlo)	PM	FYM	Média
Zn0	2.57	6.56	6.52	5.22
Zn5	4.03	6.62	6.57	5.74
Zn20	4.37	6.68	6.59	5.88
Zn40	4.41	6.71	6.67	5.93
Média	3.85	6.64	6.59	
Zn	SEm±	0.02	CD (P=0,05)	0.04
OM	SEm±	0.02	CD (P=0,05)	0.03
Zn x OM	SEm±	0.03	CD (P=0,05)	0.07

FYM - Estrume de quintal; PM - Estrume de aves de capoeira; OM - Estrume orgânico

Quadro 4.3 Efeito da aplicação de zinco e de adubos orgânicos no rendimento de matéria seca (g vaso^{-1}) de espinafres (primeiro e segundo corte)

Tratamentos	Primeiro corte (30 DAS)	Segundo corte (55 DAS)

Teores de zinco (Zn) (mg kg)[-1]		
Zn0	2.84	1.45
Zn5	3.06	1.57
Zn20	3.19	1.55
Zn40	3.26	1.47
SEm±	0.06	0.03
CD (P=0,05)	0.19	0.09
Adubos orgânicos (OM)		
Sem produtos orgânicos	2.07	1.34
(Controlo)		
PM	3.62	1.60
FYM	3.58	1.58
SEm±	0.05	0.02
CD (P=0,05)	0.16	0.08
Zn x OM	S	S

FYM - Estrume de quintal; PM - Estrume de aves de capoeira; OM - Estrume orgânico; S- Significativo

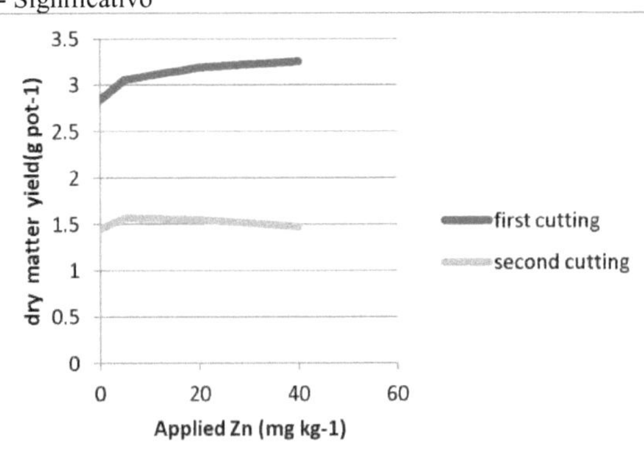

Figura 4.3 Efeito do zinco aplicado no rendimento de matéria seca (g vaso^{-1}) de espinafre (primeiro e segundo corte) O zinco também foi relatado anteriormente por vários pesquisadores (Georgievea et al., 1997; Talatam e Parida, 2009).

A aplicação de FYM @ 3% aumentou significativamente o rendimento de matéria seca de Palak no primeiro corte em relação ao controlo, onde nenhum orgânico foi adicionado (Tabela 4.3). Em média, a produção de matéria seca foi significativamente maior no solo adicionado com PM (3,62 g pote^{-1}) do que no solo adicionado com FYM (3,58 g pote^{-1}); embora a produção de matéria seca tenha aumentado tanto no solo adicionado com PM como com FYM em relação ao controlo (2,07 g pote^{-1}). O aumento da produção de matéria seca em relação ao respetivo controlo deve-se à aplicação de estrume de aves. Os efeitos interactivos do Zn aplicado e dos produtos orgânicos, conforme apresentado no quadro 4.3.1 e na figura 4.4, indicam que o rendimento em matéria seca da Palak aumentou no estrume de aves e no solo com adição de FYM a todos os níveis de Zn aplicado.

Os dados sobre o rendimento de matéria seca de Palak no segundo corte revelaram que, em média, o rendimento de matéria seca aumentou marginalmente devido à aplicação de zinco @ 5 mg kg^{-1} solo em relação ao controlo Quadro 4.3 e Figura 4.4. Por outro lado, foram observadas reduções no rendimento de matéria seca ao nível aplicado de 20 e 40 mg Zn kg^{-1} solo.

O efeito interativo do estrume orgânico e do zinco aplicado no segundo corte, como apresentado na tabela 4.3.2 e na Figura 4.5, indica que o rendimento de matéria seca no estrume de aves adicionado ao solo que recebe @ 5 mg kg^{-1} foi estatisticamente aumentado com o respetivo controlo, onde ao nível mais elevado de aplicação de Zn, foi observado um aumento significativo (12,92%) no solo aplicado de estrume de aves. O efeito da FYM em diferentes níveis de zinco aplicado no rendimento de matéria seca de Palak no segundo corte foi semelhante ao obtido no primeiro corte. O rendimento da matéria seca diminuiu (23,61%) significativamente ao nível mais elevado de aplicação de Zn no solo de controlo. O efeito interativo do zinco aplicado e dos produtos orgânicos no rendimento de matéria seca da Palak no segundo corte foi estatisticamente significativo Quadro 4.3.2 e Figura 4.5. Observou-se que o rendimento de matéria seca da Palak no primeiro corte foi maior em comparação com o segundo corte em todos os tratamentos.

3.3 Teor de clorofila

Os dados relativos ao teor de clorofila da cultura do espinafre são apresentados no quadro 4.2 e na figura 4.6. A tabela mostra claramente que o teor de clorofila é elevado aos 30 DAS em comparação com os 45 DAS. A aplicação de FYM @ 3% aumentou significativamente a clorofila do espinafre 45 DAS em relação ao controlo, onde nenhum orgânico foi adicionado (Tabela 4.2). Em média, a clorofila foi significativamente mais elevada no solo adicionado com PM (28,59 g pote^{-1}) do que no solo adicionado com FYM (28,23 g pote^{-1}); embora a clorofila tenha aumentado tanto no solo adicionado com PM como com FYM em relação ao controlo (28,16 g pote^{-1}).

Quadro 4.2 Efeito do zinco aplicado e dos adubos orgânicos no teor de clorofila de Colheita de espinafres 30 e 45 dias após a sementeira

Tratamentos	Clorofila a 30DAS	Clorofila a 45DAS
Teores de zinco (Zn) (mg kg-1)		
Zn0	28.22	25.85

Zn5	28.35	25.38
Zn20	28.57	26.91
Zn40	28.18	26.38
SEm±	0.42	0.62
CD (P=0,05)	1.24	1.83
Adubos orgânicos (OM)		
Noorganics (Controlo)	28.16	25.88
PM	28.59	25.11
FYM	28.23	27.39
SEm±	0.36	0.54
CD (P=0,05)	1.07	1.58
Zn X OM	NS	NS

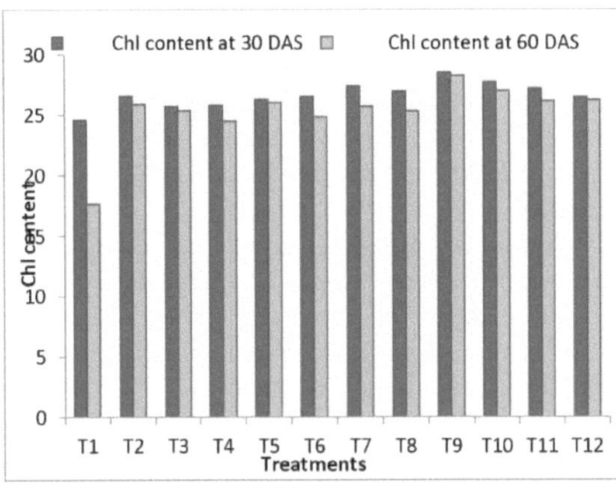

Figura 4.6 Efeito do zinco aplicado e dos adubos orgânicos no teor de clorofila na cultura do espinafre

FYM - Estrume de quintal; PM - Estrume de aves de capoeira; OM - Estrume orgânico

Quadro 4.3.1 Efeito interativo do zinco aplicado e dos adubos orgânicos na produção de matéria seca (g vaso^{-1}) de espinafres (primeiro corte)

Tratamentos	Sem produtos orgânicos (controlo)	PM	FYM	Média

Zn0	1.46	3.53	3.51	2.83
Zn5	2.02	3.58	3.57	3.06
Zn20	2.37	3.60	3.59	3.19
Zn40	2.41	3.72	3.67	3.27
Média	2.07	3.61	3.59	
Zn	SEm±	0.09	CD (P=0,05)	0.18
OM	SEm±	0.08	CD (P=0,05)	0.16
Zn x OM	SEm±	0.15	CD (P=0,05)	0.32

Quadro 4.3.2 Efeito interativo do zinco aplicado e dos adubos orgânicos no rendimento de matéria seca (g vaso^{-1}) de espinafres (segundo corte)

Tratamentos	Sem produtos orgânicos (controlo)	PM	FYM	Média
Zn0	1.44	1.47	1.43	1.45
Zn5	1.48	1.62	1.60	1.57
Zn20	1.35	1.65	1.64	1.55
Zn40	1.1	1.66	1.65	1.47
Média	1.34	1.60	1.58	
Zn	SEm±	0.04	CD (P=0,05)	0.09
OM	SEm±	0.04	CD (P=0,05)	0.08
Zn x OM	SEm±	0.08	CD (P=0,05)	0.16

FYM - Estrume de quintal; PM - Estrume de aves de capoeira; OM - Estrume orgânico

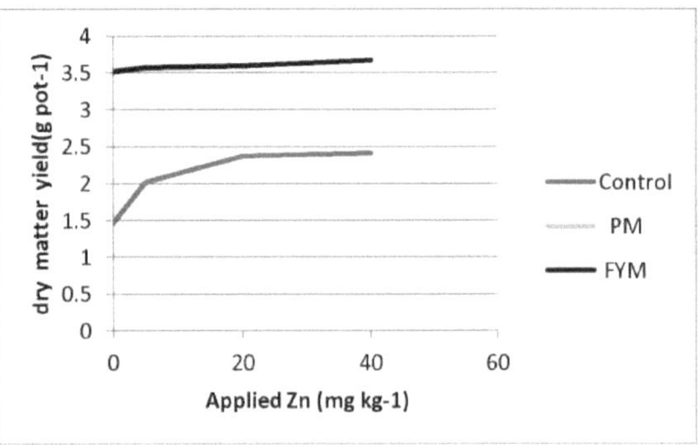

Figura 4.   4Efeito interativo   do zinco aplicado e
orgânicos no rendimento de matéria seca (g vaso^{-1}) de espinafre (primeiro corte)

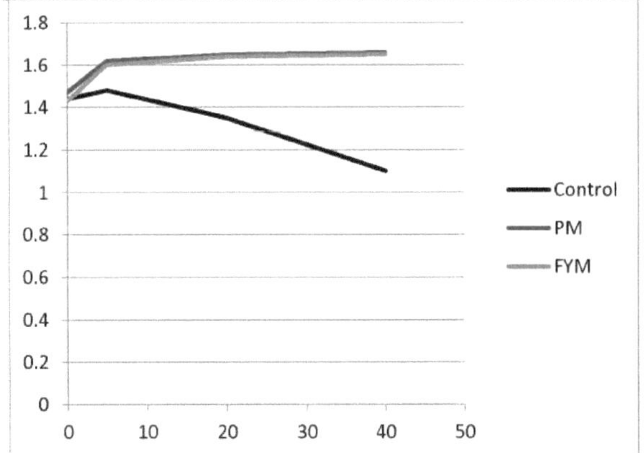

Figura 4.5 Efeito interativo do zinco aplicado e dos adubos orgânicos na produção de matéria
seca (g vaso^{-1}) de espinafres (segundo corte)

3.4 Teor de zinco nos espinafres
3.4.1 Primeiro corte

Os dados sobre o teor de zinco no rebento de Palak (primeiro corte), apresentados no quadro 4.4, mostram que, em média, houve um aumento progressivo do teor de zinco no rebento com o aumento concomitante do nível de zinco aplicado de 0 a 40 mg kg^{-1} . O teor de zinco no rebento de Palak aumentou 1,53, 2,36 e 2,81 vezes devido à aplicação de níveis de zinco de 5, 20 e 40 mg kg^{-1} , respetivamente, em relação ao controlo.

Em média, o teor de zinco no rebento de Palak reduziu significativamente devido à aplicação de FYM e estrume de aves de capoeira (Quadro 4.4) em relação ao controlo (105,37 mg kg^{-1}). A FYM foi mais eficaz na redução do teor de zinco nos rebentos de Palak do que o estrume de aves de capoeira. Alguns relatórios anteriores também mostraram que a adição de adubos orgânicos (por exemplo, FYM) reduziu a fitodisponibilidade de metais pesados (Brown *et al.*, 2003; Narwal *et al.*, 1992). Uma redução significativa do teor de zinco no rebento de Palak cultivado em solo irrigado com águas residuais devido à aplicação de FYM foi relatada anteriormente por Singh *et al*. (2010). Os resultados da presente investigação, bem como de investigações anteriores, são contrários aos resultados de Gupta *et al*. (1989) e Singh (1994), que registaram um aumento significativo da concentração de zinco no trigo após a adição de FYM. A menor eficiência das lamas na redução da fitodisponibilidade do zinco, em comparação com a FYM, pode ser atribuída à qualidade (Vacha *et al*., 2002) da matéria orgânica e ao teor de zinco nestes dois aditivos orgânicos.

Os efeitos interactivos do zinco aplicado e dos produtos orgânicos no teor de Zn nos rebentos de Palak são estatisticamente significativos (Quadro 4.4.1). A análise crítica dos dados sobre o teor de zinco na planta e o rendimento de matéria seca (Quadro 4.3) no primeiro corte revelou que o rendimento de matéria seca de Palak aumentou significativamente devido à aplicação combinada de zinco (40 mg kg^{-1}) e estrume de aves de capoeira no solo, onde o teor de zinco na planta foi de 149,50 mg kg^{-1} .

Quadro 4.4 Efeito da aplicação de Zn e de adubos orgânicos no seu teor (mg kg^{-1}) em espinafres (primeiro corte e segundo corte)

Tratamentos	Primeiro corte (30 DAS)	Segundo corte (55 DAS)
Teores de zinco (Zn) (mg kg-1)		
Zn0	68.01	117.01
Zn5	80.34	136.02
Zn20	105.24	170.51
Zn40	146.23	220.45
SEm±	1.95	3.04
CD (P=0,05)	5.74	8.92
Adubos orgânicos (OM)		
Sem produtos orgânicos (Controlo)	105.37	170.58
PM	100.78	165.72
FYM	93.72	146.71
SEm±	1.70	2.63
CD (P=0,05)	4.98	7.73
Zn x OM	S	S

FYM - Estrume de quintal; PM - Estrume de aves de capoeira; OM - Estrume orgânico

O aumento da produção de matéria seca também foi registado a um nível comparável de zinco em vasos tratados com FYM (136,26 mg kg^{-1}) e controlo (152,92 mg kg^{-1}). Isto implica que o aumento da produção de matéria seca não pode ser atribuído apenas ao teor de zinco da planta. No solo alterado com FYM, aumentos significativos na produção de matéria seca, com referência ao controlo, foram associados ao teor de zinco na planta de 146,3 mg kg^{-1} ao nível aplicado de 40 mg Zn kg^{-1} (Quadro 4.4).

Quadro 4.4.1 Efeito interativo do Zn aplicado e dos adubos orgânicos no teor de zinco (mg kg^{-1}) nos espinafres
(primeiro corte)

Tratamentos	Sem produtos orgânicos (controlo)	PM	FYM	Média
Zn0	66	69.53	68.5	68.01
Zn5	93.07	76.1	71.85	80.34
Zn20	109.5	107.99	98.24	105.24
Zn40	152.92	149.5	136.26	146.23
Média	105.37	100.78	93.71	
Zn	SEm±	2.77	CD (P=0,05)	5.74
OM	SEm±	2.40	CD (P=0,05)	4.97
Zn x OM	SEm±	4.80	CD (P=0,05)	9.95

3.4.2 Segundo corte

O teor de zinco no rebento de Palak (segundo corte), influenciado pelo zinco aplicado e pelo tipo de solo, é apresentado no quadro 4.4, mostrando um aumento progressivo do teor de Zn com o aumento do nível de Zn aplicado no solo. Em média, houve um aumento no teor de Zn de 1,39,   2,02 e 2,26 vezes devido a aplicação de Zn @5   ,   20 e 40 mg kg^{-1} , respetivamente, em relação ao controlo. Como observado no primeiro corte, o teor de Zn em Palak (segundo corte), em média, reduziu devido à aplicação de FYM e PM (Tabela 4.4). O teor de zinco foi menor (146,71 mg kg^{-1}) no solo aplicado com FYM em comparação com o solo tratado com PM (165,71 mg kg^{-1}) e o solo de controlo (170,58 mg kg^{-1}).

Os efeitos interactivos do zinco aplicado e dos produtos orgânicos no teor de Zn nos rebentos de Palak (segundo corte) também foram estatisticamente significativos (Quadro 4.4.2). Em todos os tratamentos, o teor de zinco na Palak foi muito mais elevado no segundo corte do que no primeiro corte, o que pode ser atribuído a uma melhor proliferação e desenvolvimento das raízes, levando a uma melhor exploração do solo pelas raízes, em comparação com o primeiro corte.

Quadro 4.4.2 Efeito interativo do Zn aplicado e dos adubos orgânicos no teor de zinco (mg kg^{-}

[1]) nos espinafres (segundo corte)

Tratamentos	Sem produtos orgânicos (controlo)	PM	FYM	Média
Zn0	112.87	135.05	103.11	117.01
Zn5	148.79	141.13	118.14	136.02
Zn20	190.85	167.29	153.42	170.52
Zn40	229.8	219.4	212.17	220.46
Média	170.58	165.72	146.71	
Zn	SEm±	4.30	CD (P=0,05)	8.92
OM	SEm±	3.73	CD (P=0,05)	7.73
Zn x OM	SEm±	7.45	CD (P=0,05)	15.45

FYM - Estrume de quintal; PM - Estrume de aves de capoeira; OM - Estrume orgânico

Capítulo 4

O enriquecimento com zinco influencia os teores de Fe, Cu e Mn na cultura do espinafre

4.1 Teor de ferro nos espinafres

O teor de ferro nos rebentos de Palak (primeiro corte) diminuiu progressivamente com a aplicação de zinco até 40 mg kg^{-1} em relação ao controlo (Quadro 4.5). Em média, o teor de ferro das plantas diminuiu para 15,7, 20,48 e 33,09 % a 5, 20 e 40 mg Zn kg^{-1} , respetivamente, em relação ao controlo. A redução do teor de ferro nas plantas com a aplicação de zinco pode estar relacionada com o efeito inibitório do zinco na absorção e translocação do ferro (Gupta e Srivastava, 1996). Nas plantas, o ferro é principalmente translocado como uma forma complexa com ligandos orgânicos (por exemplo, malato, citrato). Uma concentração invulgarmente elevada de Zn na planta pode ter substituído o ferro do complexo orgânico, tornando o ferro relativamente imóvel na planta (Tiffin e

Brown, 1962). Além disso, a interação antagónica entre o Fe e o Zn está supostamente associada à formação de franklinite ($ZnFe_2O_4$), que reduz a disponibilidade de ambos os metais no solo. O zinco também inibe fortemente a redução de Fe^{3+} a Fe^{2+} , o que afecta negativamente a absorção e a translocação de ferro nas plantas. Em média, o teor de ferro no rebento de Palak aumentou significativamente devido à aplicação de FYM e estrume de aves de capoeira na planta em relação ao controlo (Quadro 4.5). Isto está obviamente relacionado com o conteúdo diferencial de ferro na FYM e PM.

Quadro 4.5 Efeito da aplicação de Zn e de adubos orgânicos no teor de ferro (mg kg^{-1}) em espinafres (primeiro corte e segundo corte)

Tratamentos	Primeiro corte (30 DAS)	Segundo corte (55 DAS)
Teores de zinco (Zn) (mg kg-1)		
Zn0	368.88	348.00
Zn5	310.55	301.44
Zn20	293.33	291.56
Zn40	275.88	281.78
SEm±	2.28	3.77
CD (P=0,05)	6.69	11.05

Adubos orgânicos (OM)		
Sem produtos orgânicos (Controlo)	288.75	272.75
PM	336.50	333.17
FYM	311.25	311.17
SEm±	1.97	3.26
CD (P=0,05)	5.79	9.57
Zn x OM	S	S

FYM - Estrume do pátio da quinta; PM - Estrume de aves de capoeira; OM - Estrume de aves de capoeira
Adubo orgânico

Os efeitos interactivos do zinco aplicado e dos produtos orgânicos no teor de Fe da planta foram estatisticamente significativos (Quadro 4.5.1). A leitura dos dados revelou que a PM teve um efeito depressivo no teor de ferro das plantas em comparação com o controlo, onde nem Zn nem orgânicos foram aplicados. Com a aplicação combinada de zinco e PM, o conteúdo de Fe da planta mostrou um aumento significativo em todos os níveis de Zn aplicado em comparação com vasos tratados apenas com zinco. Em geral, o efeito da aplicação de Zn e orgânicos no conteúdo de ferro no rebento de Palak no segundo corte foi semelhante ao do primeiro corte (Quadro 4.5; Quadro 4.5.2).

Quadro 4.5.1 Efeito interativo do Zn aplicado e dos adubos orgânicos no teor de ferro (mg kg^{-1}) nos espinafres (primeiro corte)

Tratamentos	Sem produtos orgânicos (controlo)	PM	FYM	Média
Zn0	344.66	385	377	368.89
Zn5	293.66	326	312	310.55
Zn20	270	320	290	293.33
Zn40	246.66	315	266	275.89
Média	288.75	336.50	311.25	
Zn	SEm±	3.23	CD (P=0,05)	6.69
OM	SEm±	2.80	CD (P=0,05)	5.80
Zn x OM	SEm±	5.59	CD (P=0,05)	11.59

Quadro 4.5.2 Efeito interativo do Zn aplicado e dos adubos orgânicos no teor de ferro (mg kg^{-1}) nos espinafres (segundo corte)

Tratamentos	Sem produtos orgânicos (controlo)	PM	FYM	Média
Zn0	305.33	371.67	367	348
Zn5	287	312.67	304.67	301.45
Zn20	255.33	326.67	292.67	291.56
Zn40	243.33	321.67	280.33	281.78
Média	272.75	333.17	311.17	
Zn	SEm±	5.33	CD (P=0,05)	11.05
OM	SEm±	4.62	CD (P=0,05)	9.57
Zn x OM	SEm±	9.23	CD (P=0,05)	19.14

FYM - Estrume do pátio da quinta; PM - Estrume de aves de capoeira; OM - Estrume de aves de capoeira
Adubo orgânico

4.2 Teor de cobre nos espinafres

Em média, o efeito da aplicação de zinco até 40 mg kg^{-1} no conteúdo de Cu no rebento de Palak (primeiro corte) foi estatisticamente igual ao controlo (Tabela 4.6). Em média, a aplicação de estrume de aves aumentou o teor de Cu em Palak em relação ao controlo e ao solo tratado com FYM (Quadro 4.6). A interação de duas vias do zinco aplicado e dos produtos orgânicos no teor de Cu da Palak não foi estatisticamente significativa.

Quadro 4.6 Efeito da aplicação de Zn e de adubos orgânicos no teor de cobre (mg kg^{-1}) em espinafres (primeiro corte e segundo corte)

Tratamentos	Primeiro corte (30 DAS)	Segundo corte (55 DAS)
Teores de zinco (Zn) (mg kg)$^{-1}$		
Zn0	20.21	24.52
Zn5	19.75	23.45
Zn20	19.75	22.30
Zn40	19.31	21.35
SEm±	1.33	1.21

CD (P=0,05)	3.92	3.55
Adubos orgânicos (OM)		
Sem produtos orgânicos (Controlo)	18.29	28.41
PM	22.67	20.43
FYM	18.30	19.86
SEm±	1.15	1.04
CD (P=0,05)	3.39	3.07
Zn x OM	NS	NS

FYM - Estrume de quintal; PM - Estrume de aves de capoeira; OM - Estrume orgânico

4.3 Teor de manganês nos espinafres

O teor de manganês em Palak (primeiro corte) foi reduzido em 19,04, 31,75 e 37,63% devido à aplicação de zinco a 5, 20 e 40 mg kg^{-1}, respetivamente (Tabela 4.7). O efeito depressivo do zinco aplicado no teor de Mn na planta pode estar relacionado com a interação antagónica entre estes dois catiões durante a absorção pelas raízes da planta. Em média, tanto a PM como a FYM aumentaram significativamente o teor de Mn das plantas em relação ao controlo (Quadro 4.7). No entanto, ambos os materiais orgânicos aumentaram significativamente o teor de Mn na planta em relação ao controlo. A interação de dois factores não foi estatisticamente significativa no primeiro corte. A interação no segundo corte é significativa, como indicado no quadro 4.7.1.

Quadro 4.7 Efeito da aplicação de Zn e de adubos orgânicos no teor de manganês (mg kg^{-1}) em espinafres (primeiro corte e segundo corte)

Tratamentos	Primeiro corte (30 DAS)	Segundo corte (55 DAS)
Teores de zinco (Zn) (mg kg-1)		
Zn0	128.48	158.55
Zn5	104.01	131.16
Zn20	87.93	110.52
Zn40	79.56	89.09
SEm±	2.47	2.45
CD (P=0,05)	7.24	7.20
Adubos orgânicos (OM)		
Sem produtos orgânicos (Controlo)	94.35	111.47
PM	103.74	128.71

FYM	101.90	126.81
SEm±	2.14	2.12
CD (P=0,05)	6.27	6.23
Zn x OM	NS	S

Quadro 4.7.1 Efeito interativo do Zn aplicado e dos adubos orgânicos no teor de manganês (mg kg^{-1}) em espinafres (segundo corte)

Tratamentos	Sem produtos orgânicos (controlo)	PM	FYM	Média
Zn0	137.87	169.15	168.62	158.55
Zn5	119.5	137.89	136.09	131.16
Zn20	100.93	116.5	114.13	110.52
Zn40	87.57	91.32	88.39	89.09
Média	111.47	128.72	126.81	
Zn	SEm±	3.47	CD (P=0,05)	7.20
OM	SEm±	3.01	CD (P=0,05)	6.24
Zn x OM	SEm±	6.01	CD (P=0,05)	12.47

FYM - Estrume de quintal; PM - Estrume de aves de capoeira; OM - Estrume orgânico

Capítulo 5

Adequação de vegetais de folha verde enriquecidos com zinco para consumo humano

5.1 *Concentração de zinco nos rebentos de Palak*

A concentração de zinco no rebento de Palak (primeiro e segundo corte) afetada pela aplicação de zinco, FYM e estrume de aves de capoeira é apresentada no quadro 4.8 Os resultados indicam que a concentração de zinco no rebento de Palak (primeiro corte) variou de 66,0 a 152,9 mg kg^{-1} entre os tratamentos com um valor médio de 99,93 mg kg^{-1} . No segundo corte, o teor de zinco na planta (Palak) variou de 103,11 a 229,7 mg kg^{-1} com um valor médio de 160,97 mg kg^{-1} . É evidente que, de um modo geral, o teor de Zn no rebento de Palak (segundo corte) é mais elevado do que no primeiro corte. Os resultados indicam ainda que, em relação ao controlo, o teor de Zn em Palak aumentou substancialmente até 5,65 vezes (primeiro corte) devido à acumulação de zinco de fontes externas no solo. Os valores correspondentes foram calculados como 5,45 vezes para o segundo corte de Palak.

Quadro 4.8 Quociente de risco (QRG) para a ingestão de zinco (Zn) através do consumo de espinafres, influenciado pelo Zn aplicado e pelos produtos orgânicos

Combinações de tratamento		Primeiro corte (30 DAS)		Segundo corte (55 DAS)	
		Zn conc. (mg kg-1)	SEDE	Zn conc. (mg kg)$^{-1}$	SEDE
Controlo	0	66.00	0.05	112.80	0.08
	5	93.07	0.07	148.70	0.11
	20	109.50	0.08	190.80	0.14
	40	152.90	0.11	229.70	0.17
PM	0	69.53	0.05	135.04	0.10
	5	76.10	0.05	141.12	0.10
	20	107.90	0.08	167.28	0.12
	40	149.50	0.11	219.40	0.16
FYM	0	68.50	0.05	103.11	0.07
	5	71.80	0.05	118.14	0.09
	20	98.20	0.07	153.42	0.11
	40	136.20	0.10	212.17	0.16
Média		99.93	0.07	160.97	0.12

Mínimo	66.00	0.05	103.11	0.07
Máximo	152.90	0.11	229.70	0.17

Este resultado indica claramente que o enriquecimento substancial da porção comestível deste vegetal de folha verde com Zn foi possível devido à aplicação no solo de Zn de fontes externas. O zinco é um dos oligoelementos essenciais mais importantes na nutrição humana. É essencial para o funcionamento de um grande número de enzimas importantes no ser humano. Em geral, são recomendadas doses diárias de ingestão de Zn que variam entre 5 mg para bebés e 15 mg para adultos (Grzetic et al., 2008). No presente estudo, a ingestão diária de Zn através do consumo de 200 g de Palak (controlo; sem aplicação de Zn ou produtos orgânicos) foi calculada em apenas 1,32 mg/dia e 2,26 mg/dia para o primeiro e segundo cortes, respetivamente, o que foi muito inferior à ingestão recomendada de Zn para o ser humano. Os resultados da presente investigação demonstram claramente que a ingestão diária de Zn através do consumo de Palak pode ser aumentada pela aplicação de Zn no solo até ao nível máximo de 5,96 mg/dia. Embora os vegetais de folhas verdes constituam apenas uma pequena fração da dieta humana, a ingestão de Zn através do consumo destes vegetais é muito importante, particularmente para a população vegetariana, devido à deficiência generalizada de Zn no solo indiano (Rattan *et al.*, 2008) e à suplementação inadequada de Zn através da dieta à base de cereais (Cakmak, 2010). Neste contexto, o enriquecimento deste vegetal com zinco através da aplicação de zinco no solo pode ser muito eficaz para aliviar a deficiência de Zn no ser humano.

5.2 Quociente de risco para a ingestão diária de Zn através do consumo de Palak

Um nível demasiado baixo de Zn pode causar problemas de saúde, mas um nível demasiado elevado de Zn também é prejudicial. A toxicidade do zinco no ser humano interfere com vários processos fisiológicos e metabólicos (Gupta e Gupta, 1998). A toxicidade do zinco pode também resultar na redução da absorção de Cu e Fe no corpo humano, causando assim anemia (EMEA, 2002). Outros efeitos possíveis incluem toxicidade para o sistema nervoso central, nefro-toxicidade e efeitos comportamentais cognitivos nas crianças (Muntean *et al.*, 2003). Por conseguinte, o risco para a saúde humana decorrente do consumo de Palak enriquecido com Zn foi expresso como um quociente de perigo (Quadro 4.8). Os valores do quociente de perigo (QH) variaram entre 0,05 e 0,11 com um valor médio de 0,07 para o primeiro corte de Palak, enquanto que para o segundo corte os valores do QH variaram entre 0,07 e 0,17 com um valor médio de 0,11. Como tal, todos os valores de HQ são inferiores a 1,0, indicando que este vegetal de folha enriquecido com Zn é seguro para ser consumido por seres humanos. No entanto, as implicações de valores relativamente mais elevados são agravadas pelo facto de os vegetais verdes constituírem apenas uma pequena parte da dieta (16% no Bangladesh, Alam *et al.*, 2003). É provável que outros alimentos, para além dos vegetais de folha verde, a água potável e a inalação de poeiras contribuam significativamente para a ingestão diária total de Zn pelos seres humanos. Com base nesta analogia, o limite seguro de HQ é considerado como 0,5 na avaliação da dose segura de Zn aplicada para aumentar o teor de Zn nesta cultura hortícola.

O quociente de risco para a ingestão de Zn através do consumo de Palak recebendo doses graduais de Zn com e sem produtos orgânicos está representado nas Figuras 4.1. No primeiro corte de Palak, a aplicação de Zn sozinha e em combinação com FYM e PM não conseguiu produzir valores de HQ superiores a 0,25. Em geral, uma relação quase semelhante de HQ para o segundo corte de Palak com taxa aplicada de Zn @ 40 mg kg^{-1} junto com FYM produziu o HQ (Figura 4.2)

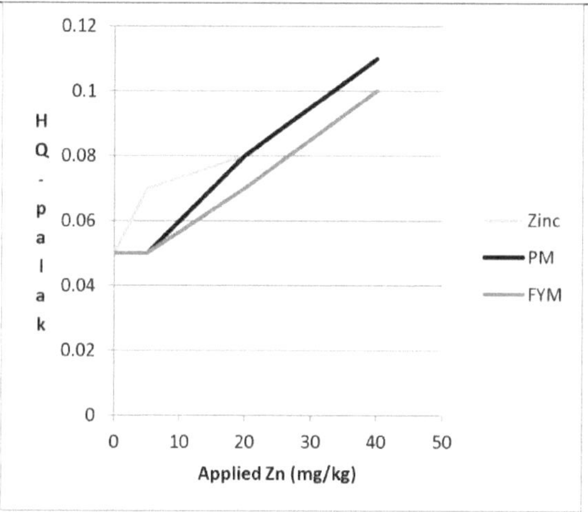

Figura 4.1 Efeito do Zn aplicado e dos produtos orgânicos no quociente de risco (HQ) para a ingestão de Zn através do consumo de Palak (Ist cutting)

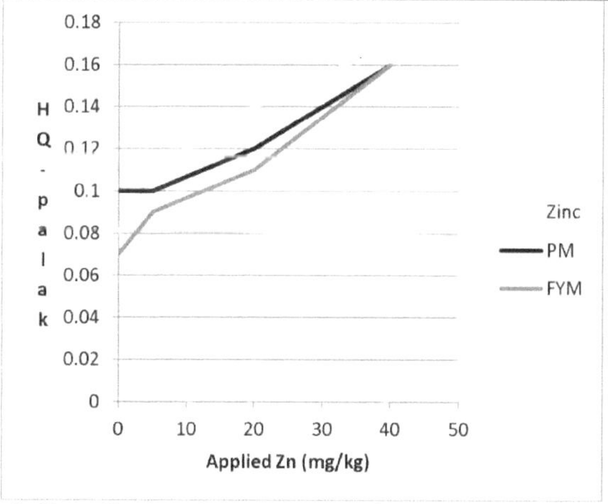

Figura 4.2 Efeito do Zn aplicado e dos produtos orgânicos no quociente de risco (QH) para a ingestão de Zn através do consumo de Palak (2º corte)

5.3 Quociente de risco para a ingestão de ferro, manganês e cobre através do consumo de Palak

Embora Fe, Mn e Cu não tenham sido aplicados através de fertilizantes, uma quantidade substancial destes micronutrientes foi adicionada através de FYM e estrume de aves. A ingestão destes micronutrientes em níveis tóxicos pelos seres humanos resulta em vários distúrbios fisiológicos e metabólicos (Gupta e Gupta, 1998; Rattan et al., 2002). A ingestão excessiva de Cu provoca a doença de Wilson e cirrose, hemólise, necrose hepática, lesões renais e inchaço das glândulas salivares no ser humano. As perturbações psiquiátricas e neurológicas estão associadas à ingestão de Mn a níveis tóxicos. O efeito tóxico da ingestão de níveis elevados de Fe resulta em hemocromatose e cirrose hepática. Para além disso, a acidose metabólica e o choque estão também associados à toxicidade deste elemento. Por conseguinte, o QG para a ingestão destes micronutrientes através do consumo de Palak é calculado e apresentado nos quadros 4.9, 4.10 e 4.11.

Os resultados indicam que, em todos os tratamentos, o teor de Fe variou de 246,66 a 385 (312,16 mg kg^{-1}) e de 243,33 a 371,67 (305,69 mg kg^{-1}) no rebento de Palak (primeiro corte, segundo corte) (Tabela 4.9). Os valores de HQ para a ingestão de Fe através do consumo de Palak (primeiro corte) variaram de 0,19 a 0,29 com um valor médio de 0,24. Os valores correspondentes para o segundo corte de Palak variaram de 0,19 a 0,28 (média de 0,23). Os valores de HQ para a cultura não foram ricos nem mesmo até 0,5. Por conseguinte, o Palak é seguro para ser consumido pelos seres humanos no que respeita ao seu teor de Fe.

Em todos os tratamentos, a concentração de Mn em Palak variou de 68,13 a 130,93 e 87,5 a 169,1 mg kg^{-1} no primeiro e segundo corte, respetivamente (Tabela 4.10). Os valores médios correspondentes foram 100 e 122,3 mg kg^{-1} . Os valores de HQ para a ingestão de Mn variaram de 0,11 a 0,21 com um valor médio de 0,16 no primeiro corte de Palak. No segundo corte, variou de 0,14 a 0,28 com um valor médio de 0,20. Assim, com base nestes valores de HQ, pode reduzir-se que a ingestão deste vegetal não é suscetível de induzir toxicidade de Mn no ser humano. A concentração de Cu em Palak variou de 16,44 a 23,66 (valor médio 19,76 mg kg^{-1}) e de 17,7 a 29,13 mg kg^{-1} (valor médio 22,9 mg kg^{-1}) para o primeiro e segundo corte, respetivamente (Quadro 4.11). O valor máximo de HQ para a ingestão de Cu foi o mesmo (0,01) para o primeiro e segundo corte de Palak (Tabela 4.11). Uma vez que os valores de HQ para a ingestão de Cu através do consumo de Palak são muito inferiores a 0,5, este vegetal é seguro para ser consumido por seres humanos.

Quadro 4.9 Quociente de risco (QRG) para a ingestão de ferro (Fe) através do consumo de espinafres, influenciado pelo Zn aplicado e pelos produtos orgânicos

Combinações de tratamento		Primeiro corte (30 DAS)		Segundo corte (55 DAS)	
		Zn conc. (mg kg-1)	SEDE	Zn conc. (mg kg)$^{-1}$	SEDE
Controlo 1	0	344.67	0.26	305.33	0.23
	5	293.67	0.22	287.00	0.22

	20	270.00	0.21	255.33	0.19
	40	246.67	0.19	243.33	0.19
PM	0	385.00	0.29	371.67	0.28
	5	326.00	0.25	312.67	0.24
	20	320.00	0.24	326.67	0.25
	40	315.00	0.24	321.67	0.25
FYM	0	377.00	0.29	367.00	0.28
	5	312.00	0.24	304.67	0.23
	20	290.00	0.22	292.67	0.22
	40	266.00	0.20	280.33	0.21
Média		312.17	0.24	305.69	0.23
Mínimo		246.67	0.19	243.33	0.19
Máximo		385.00	0.29	371.67	0.28

Quadro 4.10 Quociente de risco (QRG) para a ingestão de manganês (Mn) através do consumo de espinafres, influenciado pelo Zn aplicado e pelos produtos orgânicos

Combinações de tratamento		Primeiro corte (30 DAS)		Segundo corte (55 DAS)	
		Zn conc. (mg kg-1)	SEDE	Zn conc. (mg kg)$^{-1}$	SEDE
Controlo	0	124.67	0.20	137.87	0.23
	5	100.23	0.16	119.51	0.20
	20	84.38	0.14	100.93	0.16
	40	68.13	0.11	87.57	0.14
PM	0	130.93	0.21	169.16	0.28
	5	106.37	0.17	137.89	0.23
	20	91.09	0.15	116.50	0.19
	40	86.58	0.14	91.32	0.15
FYM	0	129.85	0.21	168.62	0.28
	5	105.46	0.17	136.09	0.22
	20	88.31	0.14	114.14	0.19

40	83.99	0.14	88.39	0.14
Média	100.00	0.16	122.33	0.20
Mínimo	68.13	0.11	87.57	0.14
Máximo	130.93	0.21	169.16	0.28

Quadro 4.11 Quociente de perigo (QH) para a ingestão de cobre (Cu) através do consumo de espinafres, influenciado pelo Zn aplicado e pelos produtos orgânicos

Combinações de tratamento		Primeiro corte (30 DAS)		Segundo corte (55 DAS)	
		Zn conc. (mg kg-1)	SEDE	Zn conc. (mg kg)$^{-1}$	SEDE
Controlo	0	21.52	0.01	28.68	0.01
	5	16.44	0.01	29.13	0.01
	20	17.44	0.01	28.34	0.01
	40	17.77	0.01	27.51	0.01
PM	0	21.72	0.01	22.52	0.01
	5	23.66	0.01	20.85	0.01
	20	22.99	0.01	19.52	0.01
	40	22.33	0.01	18.85	0.01
FYM	0	17.40	0.01	22.36	0.01
	5	19.16	0.01	20.36	0.01
	20	18.83	0.01	19.03	0.01
	40	17.83	0.01	17.70	0.01
Média		19.76	0.01	22.90	0.01
Mínimo		16.44	0.01	17.70	0.01
Máximo		23.66	0.01	29.13	0.01

RESUMO E CONCLUSÃO

A carência de zinco (Zn) é um problema de saúde pública bem documentado e um importante fator de limitação da produção agrícola no solo. A sua deficiência nos solos também se reflecte na sua deficiência nos seres humanos, uma vez que cerca de 98% da alimentação humana é produzida na terra. O solo é uma fonte primária de elementos minerais que entram na cadeia alimentar humana através das plantas, direta ou indiretamente como produtos animais (carne, leite, etc.). Cerca de 50% das zonas de cultivo de cereais no mundo têm solos com baixo teor de Zn disponível para as plantas. As culturas de cereais representam uma importante fonte de minerais e proteínas nos países em desenvolvimento. Por conseguinte, a deficiência de zinco nos seres humanos está generalizada nos países em desenvolvimento como a Índia, o Paquistão, a China, o Irão e a Turquia. Neste contexto, o aumento da concentração de Zn na parte comestível dos produtos agrícolas para atenuar a deficiência de Zn nos seres humanos foi considerado um importante desafio global. Em comparação com os cereais, deve ser mais fácil enriquecer os vegetais de folha com Zn. No entanto, a eficiência de utilização do Zn aplicado no solo raramente excede os 5%. A sua solubilidade e disponibilidade nos solos são determinadas principalmente pelo pH e pela matéria orgânica. Deve-se ter cuidado com a extensão do enriquecimento quando se pretende enriquecer os legumes de folha com Zn. Com efeito, as culturas hortícolas de folhas verdes são conhecidas por serem acumuladoras de metais. Será lógico calcular a taxa máxima permitida de adição de Zn ao enriquecer vegetais de folha verde como o Palak em relação ao perigo para a saúde humana associado ao consumo deste vegetal.

Foi efectuada uma experiência em estufa para avaliar o impacto da aplicação de Zn no solo sobre a sua absorção pelos espinafres aplicados com FYM e estrume de aves. Para cada solo, o tratamento consiste em quatro níveis de Zn (0, 5, 20 e 40 mg kg^{-1} solo) e três níveis de produtos orgânicos (controlo, 3% de FYM e 3% de PM). Foram efectuados dois cortes de Palak aos 30 e 55 dias após a sementeira. As amostras de solo após a colheita foram extraídas com um extrato químico de 0,005 M DTPA. As amostras de plantas foram analisadas para Zn total, Cu, Fe e Mn. O risco para a saúde humana da ingestão de Zn, Cu, Fe e Mn foi expresso como quociente de perigo (HQ). Os resultados indicaram que a Palak respondeu positivamente à aplicação de Zn @ 5 mg kg^{-1}. O rendimento de matéria seca de Palak no primeiro corte aumentou marginalmente (3,08%) devido à aplicação de Zn @ 5 mg kg-1 de solo em relação ao controlo, que foi estatisticamente igual ao nível aplicado de 40 mg Zn kg^{-1}. O rendimento de matéria seca no primeiro corte revelou que o espinafre respondeu positivamente ao nível aplicado de 5 mg Zn kg^{-1}. Em média, o rendimento da matéria seca foi significativamente maior no solo aplicado com PM (3,62 g pote^{-1}) do que no solo aplicado com FYM (3,58 g pote^{-1}); embora o rendimento da matéria seca tenha aumentado tanto no solo aplicado com PM como com FYM em relação ao controlo (2,07 g pote^{-1}). O aumento da produção de matéria seca em relação ao respetivo controlo deve-se à aplicação de estrume de aves. A aplicação de FYM teve um impacto positivo no rendimento de matéria seca das culturas. Em média, o rendimento de matéria seca de Palak no segundo corte aumentou significativamente em ambos os solos aplicados com FYM e estrume de aves de capoeira em relação ao controlo.

Houve um aumento progressivo do conteúdo de Zn nos rebentos das culturas com o aumento concomitante do nível de Zn aplicado. O PM foi mais eficaz na redução do conteúdo de Zn na cultura em comparação com o estrume da quinta, particularmente a 40 mg kg^{-1} de níveis aplicados de Zn. O teor de zinco no rebento de Palak aumentou 1,53, 2,36 e 2,81 vezes devido ao nível de zinco aplicado a 5, 20 e 40 mg kg^{-1}, respetivamente, em relação ao controlo. Por outro lado, a um nível mais baixo de Zn aplicado, tanto a FYM como a PM
teve um impacto positivo no conteúdo de Zn da planta. Em média, houve um aumento no conteúdo de Zn na ordem de 1,39, 2,02 e 2,26 vezes devido à aplicação de Zn @ 5, 20 e 40 mg kg^{-1} respetivamente sobre o controlo no segundo corte de Palak. O teor de zinco foi menor (146,71 mg kg^{-1}) no solo aplicado com FYM em comparação com o solo tratado com PM (165,71 mg kg^{-1}) e o solo de controlo (170,58 mg kg^{-1}).

O teor de ferro foi reduzido para 15,7, 20,48 e 33,09 % a 5, 20 e 40 mg Zn kg^{-1}, respetivamente, em relação ao controlo no primeiro corte. O conteúdo de ferro da planta reduziu consistentemente com as taxas progressivas de Zn aplicado. Tanto a FYM como a PM tiveram um efeito depressivo no conteúdo de Fe nas plantas. Foram observados efeitos semelhantes da aplicação de Zn e orgânicos no conteúdo de Mn nas plantas. O conteúdo de manganês em Palak (primeiro corte) foi reduzido em 19,04, 31,75 e 37,63% devido à aplicação de zinco @ 5, 20 e 40 mg kg^{-1} , respetivamente. No entanto, o efeito negativo da aplicação de Zn no conteúdo de Cu nas plantas foi observado apenas com uma taxa mais elevada de adição de Zn.

Conforme calculado na presente investigação, a ingestão diária de Zn através do consumo de vegetais de folha verde (ou seja, sem Zn e orgânicos) foi muito inferior à ingestão diária recomendada de Zn (humano). Calculou-se que a ingestão diária de Zn por humanos aumentaria substancialmente se estes vegetais fossem cultivados com Zn aplicado. Com base nos resultados obtidos no presente estudo, podem ser tiradas as seguintes conclusões:

> A aplicação de Zn no solo pode revelar-se muito eficaz para enriquecer a Palak com Zn. Não se obteve nenhuma vantagem adicional no caso da aplicação de Zn juntamente com FYM e estrume de aves de capoeira no que respeita ao enriquecimento. No entanto, parece que a cultura pode resistir melhor ao nível mais elevado de Zn aplicado na presença de produtos orgânicos.

> É claro a partir deste estudo que um nível mais elevado de Zn aplicado no solo teve um forte efeito negativo no conteúdo de outros catiões de micronutrientes como Fe, Mn e Cu. Deve-se ter cuidado com a redução de outros catiões de micronutrientes, particularmente Fe em vegetais de folhas verdes enquanto se enriquece o mesmo com Zn. Este facto terá implicações práticas de grande alcance, uma vez que os legumes de folha verde são também considerados uma excelente fonte de Fe.

> O nível de Zn aplicado pode ir até 40 mg kg^{-1} . Mesmo a aplicação de PM e FYM não enriqueceu este vegetal com outros metais como Cu, Mn e Fe a níveis tóxicos.

> Houve um aumento substancial do teor de Zn nos rebentos de Palak devido à aplicação de Zn. Tanto do ponto de vista da manutenção da produtividade como do enriquecimento, a suplementação externa de Zn deve ser associada à FYM e à PM.

> A interação do Zn com outros micronutrientes na planta mostrou que esta cultura vegetal pode ser enriquecida com Zn à custa de outros micronutrientes como o Fe, o Mn e o Cu.

> Com referência às doses recomendadas de Zn na dieta, foi possível um enriquecimento substancial de Palak com Zn devido à aplicação de Zn de fontes externas. Do ponto de vista do enriquecimento, a aplicação de Zn até 40 mg kg^{-1} era segura em relação ao risco associado ao consumo deste vegetal de folha.

> Claramente, há necessidade de mais estudos para avaliar a dose económica e segura de Zn aplicada para enriquecer os vegetais de folha.

BIBLIOGRAFIA

Agbenin, J. O. (2003) Zinc fractions and solubility in a tropical semi-arid soil under long-term cultivation. *Biology and Fertility of Soils* **37:** 83-89.

Akay, A. e Koleli, N. (2007) Interação entre o cádmio e o zinco na cevada (*Hordeum vulgare*) cultivada em condições de campo. *Bangladesh Journal of Botany* **36:** 13-19.

Alam, M. G. M., Snow, E. T. e Tanaka, A. (2003) Arsenic and heavy metal contamination of vegetables grown in Samta village, Bangladesh. *Science of the Total Environment* **308:** 83-96.

Arnesen, A. K. M. e Singh, B.R. (1999) Absorção pelas plantas e capacidade de extração de Cd, Cu, Ni e Zn com DTPA num solo norueguês de xisto alumino afetado pela adição prévia de estrume de vaca e de porco e de turfa. *Canadian Journal of Soil Science* **59:** 531-539.

Bansal, R. L., & Chahal, D. S. (1997). Zinco relações entre manganês e berseem (Trifolium alexandrinum) cultivado num solo alcalino numa experiência em vaso. *ACTA AGRONOMICA HUNGARICA, 45,* 449-454.

Basta, N.T., Gradwohl, R., Snethen, K.L. e Schroder,J.L.(2001) Chemical Imobilização de chumbo, zinco e cádmio em solos contaminados por fundição utilizando biossólidos e fosfato de rocha. *Journal of Environmental Quality* **30:** 1222-1230.

Brar, B. S., Dhillon, N. S. e Chand, M. (1995) Effect of farmyard manure application on grain yield and uptake and availability of nutrients in rice-wheat rotation. *Indian Journal of Agricultural Sciences* **65**: 350353.

Cakmak, I. (2008) Enriquecimento de grãos de cereais com zinco: Agronómico ou biofortificação genética? *Plant and Soil* **302:** 1-17.

Brown, S. L., Henry, C. L., Chaney, R. L., Compton, H. e DeVolder, P. S. (2003) Using municipal bio-solids in combination with other residuals to restore metal- contaminated mining areas. *Plant and Soil* **249:** 203-215.

Cakmak, I. (2008) Enriquecimento de grãos de cereais com zinco: agronómico ou genético biofortificação? *Plant and Soil* **302:** 1-17.

Cakmak, I. (2010) Biofortificação de cereais com zinco e ferro através da estratégia de fertilização. 19º Congresso Mundial de Ciência do Solo, Solução do Solo para um mundo em mudança. Brisbane, Austrália.

Chaudhary, M. e Narwal, N.P. (2005) Effect of long-term application of farmyard manure on soil micronutrient status. *Archives of Agronomy and Soil Science* **51**: 351-359.

Choudhary, Praibha, Jhajharia, Arun e Kumar, Rohit (2014). Influência da fertilização com enxofre e zinco no rendimento, componentes do rendimento e características de qualidade da soja (glycine max L.). *The Bioscan, 9*(1), 137-142.

Chatterjee, A. K., Mandal, B. e Mandal, L. N. 1996. Interação de azoto e potássio com zinco em solo submerso e Arroz de terras baixas. *Journal of the Indian Society of Soil Science,* **44**(4): 792-794.

Clemente, R., Paredes, C. e Bernal, M.P. (2007) Uma experiência de campo que investiga os efeitos da casca de azeitona e do estrume de vaca na disponibilidade de metais pesados num solo calcário contaminado de Múrcia (Espanha). *Agriculture, Ecosystems and Environment* **118:** 319 - 326.

Danilcenko, H., Gajewski, M., Jariene, E., Paulauskas, V., & Mazeika, R. (2016).

efeito do composto na acumulação de metais pesados em frutos de abóbora oleaginosa (cucurbita pepo l. var. styriaca). *Journal of Elementology, 21* (1). Datta, S. P., Rattan, R. K. e Chandra, S. (2007) Influence of different amendments on the availability of cadmium to crops in sewage-irrigated soil. *Journal of the Indian Society of Soil Science* **55:** 86-89.

Datta, S. P., Rattan, R. K. e Chandra, S. (2007) Influência de diferentes alterações na disponibilidade de cádmio para as culturas num solo irrigado por esgotos. *Journal of the Indian Society of Soil Science* **55:** 86-89.

Datta, S. P., Subba Rao, A. e Ganeshamurthy, A. N. (1997) Effect of electrolytes coupled with variable stirring on soil pH. *Journal of the Indian Society of Soil Science* **45:**185187.

Desai, R. M., Patel, G. G., Patel, T. D. e Das, A. (2009) Efeito do fornecimento integrado de nutrientes no rendimento, na absorção de nutrientes e nas propriedades do solo numa sequência de culturas de arroz-arroz num terreno Vertic-Haplustepts do Sul

Gujarat. *Journal of the Indian Society of Soil Science* **57(2):** 172-177.

Dhaliwal, S. S. and Walia, S. S. (2008) Integrated nutrient management for sustaining maximum productivity of rice-wheat system under Punjab conditions. *Jornal de Investigação, PAU* **45:**12-16.

Dias, A.C.B., Pavan, M.A., Miyazawa, M. e Zocoler, D.C. (2003) Resíduos Vegetais: Efeito de Curto Prazo na Adsorção de Sulfato, Borato, Zinco e Cobre por um Oxisol Ácido.

Arquivos Brasileiros de Biologia e Tecnologia **46:** 199-202.

Dudal, R. (1980) Fertilizer for food production in developing countries. *Fertilizer News* **25:** 40-48.

Duhan, L. e Singh, S. (2002) Effect of green manuring and nitrogen on yield and uptake of micronutrients by rice. *Journal of the Indian Society of Soil Science* **50:**178-180. Elgala, A. M. e Amberger, A. (1982). Effect OP PH, orgrnic matter and plant growth on the movement of iron in soils. *Journal of Plant Nutrition* **5:** 841-855.

Gana, A. K. (2011) Esterco de vaca: agente de alteração do solo para a ecologia da cana-de-açúcar em terras altas arenosas na Nigéria. *Jornal Internacional de Tecnologia Agrícola do Sudeste Asiático* **7(2):** 497-505.

Georgieva, V., Tasev, C. e Senalevitch, G. (1997) Crescimento, rendimento, teor de chumbo, Zn e Cd de plantas de rabanete, ervilha e pimento influenciados pelo nível de contaminação única e múltipla do solo. III. Cd. *Bulgarian Journal of Plant Physiology* **23:** 12-23.

Gibson, R. S. (2006) Zinc: the missing link in combating micronutrient malnutrition in developing countries. *Actas da Sociedade de Nutrição* **65:** 51-60.

Gill, M. S., Singh, T. e Rana, D. S. (1994) Integrated nutrient management in rice (*Oryza sativa*)-wheat (*Triticum aestivum*) cropping sequence in semi-arid tropics. *Indian Journal of Agronomy* **39:** 606-608.

Giordano, P.M., Mays, D.A. e Behel, A.D. (1979) Soil temperature effects on uptake of cadmium and zinc by vegetables grown on sludge-amended soil. *Journal of Environmental Quality* **8:** 233-236.

Goswami, N. N., Prasad, R., Sarkar, M. C. e Singh, S. (1988) Studies on the effect of greenmanuring in nitrogen economy in a rice-wheat rotation using 15N technique. *Indian Journal of Agricultural Sciences* **11:** 413-417.

Grzetic, I., Rabia, H. e Ghariani, A. (2008) Avaliação do risco potencial para a saúde da contaminação do solo por metais pesados na zona central de Belgrado (Sérvia). *Journal of the Serbian Chemical Society* **73:** 923-934.

Gupta, A. P., Narwal, R. P., Singh, A. e Singh, J. P. (1989) Effect of farmyard manure on the yield and heavy matter accumulation in wheat grown in polluted soil. *In*: Relatórios sobre o Simpósio Nacional sobre Impacto e Gestão de Poluentes na Produtividade das Culturas, HAU, Hisar. Paper no. **48**. pp. 86-89.

Gupta, R. P., Aggarwal, P. e Kumar, S. (1995) All India coordinated research project on improvement of soil physical conditions to increase agricultural production of problematic areas. *Destaques da investigação. S.P.C. Bulletin* No. **8:** 31-43.

Gupta, S. and Handore, K. (2009) Direct and residual effect of zinc and zinc amended organic manures on the zinc nutrition of field crop. *Revista Internacional de Ciências Agrícolas* **1(2):** 26-29.

Gupta, U. C. e Gupta, S. C. (1998) Trace element toxicity relationships to crop production and livestock and human health: Implications for management.
Communications in Soil Science and Plant Analysis **29:** 1491-1522.

Gupta, U.C. c Srivastava, P.C. (1996) Trace elements in crop production. Oxford e IBH Publishing Co.Pvt.Ltd., Nova Deli.

Gupta, V., Sharma, R. S. e Vishwakarma, S. K. (2006) Long-term effect of integrated nutrient management on yield sustainability and soil fertility of rice (Oryza sativa)-wheat (Triticumaestivum) cropping system. *Indian Journal of Agronomy* **51(3):** 160-164.

Hargreaves, J. C., M. S. Adl e P. R. Warman. (2008) "A review of the use of composted municipal solid   wastein
agricultura". *Agriculture, Ecosystems and Environment* **123(1)** 1-14.

Hegde, D. M. (1998) Efeito da gestão integrada de nutrientes no sistema arroz (*Oryza sativa*)-trigo (Triticum aestivum)
produtividade em ecossistemas sub-húmidos. *Indian Journal of Agricultural Sciences* **68:**144 148.

Hellal, F. A. (2007) Composto de palha de arroz e sua influência na disponibilidade de ferro em solo calcário. *Research Journal of Agriculture and Biological Science* **3**:105114.

Herencia, J. F., Ruiz, J. C., Melero, M. S., Villaverde, J. e Maqueda, C. (2008) Efeitos da fertilização orgânica e mineral na disponibilidade de micronutrientes no solo. *Ciência do Solo* **173**: 69-80.

Hooda, P. S., Mc Nulty, D., Alloway, B. J. e Aitken, M.N. (1997) Plant availability of heavy metals in soils previously amended with heavy applications of sewage-sludge. *Journal of the Science of Food and Agriculture* **73**: 446-454.

Hotz, C. and Brown, K. H. (2004) Assessment of the risk of zinc deficiency in populations and options for its control. *Food and Nutrition Bulletin* **25**: 94-204.

Hough, R. L., Breward, N., Young, S.D., Crout, N. M. J., Tye, A. M., Moir, A. M. e Thornton, I. (2004) Assessing potential risk of heavy metal exposure from consumption of home- produced vegetables by urban populations. *Environmental Health Perspectives* **112**: 215-221.

Hseu, Z. Y. (2006). Extractabilidade e biodisponibilidade do zinco ao longo do tempo em três solos tropicais incubados com biossólidos. *Chemosphere* **63**(5), 762-771.

Imran, M., Kanwal, S., Hussain, S., Aziz, T. e Maqsood, M.A. (2015) Eficácia dos métodos de aplicação de zinco na concentração e biodisponibilidade estimada de zinco em grãos de arroz cultivados num solo calcário. *Pakistan Journal of Agricultural Sciences* **52**(1), 169175.

Javed, S. e Panwar, A. (2013) Efeito do biofertilizante, vermicomposto e fertilizante químico em diferentes parâmetros bioquímicos de Glycine max e Vignamungo. *Pesquisa recente em ciência e tecnologia* **5(1).**

Karaca, A. (2004) Effect of organic wastes on the extractability of cadmium, copper, nickel, and zinc in soil. *Geoderma* **122**: 297-303.

Khan, A., Muhammad. S., (2014) Potencial dos fungos AM Fitorremediação de Metais Pesados e Efeito no rendimento da Cultura do Trigo. *Revista americana de ciências vegetais*.5, 1578-1586. http://www.scirp.org/journal/ajps.

Khattak, S. G., Dominy, P. J., & Ahmad, W. (2015). Avaliação da Interação do ZN com os Catiões Nutrientes em Solo Alcalino e o seu Efeito no Crescimento das Plantas. *Jornal de Nutrição Vegetal*, *38*(7), 1110-1120.

Kundu, D. K. e Pillai, K. G. (1992) Integrated nutrient supply system in rice and ricebased cropping systems. *Fertilizer News* **37(4)**: 35-41.

Loneragan, J. F., & Webb, M. J. (1993). Interacções entre o zinco e outros nutrientes que afectam o crescimento das plantas. Em *Zinc in soils and plants* (*Zinco em solos e plantas*) (pp. 119-134). Springer Netherlands.

MacLean, A.J. (1976) Cadmium in different plant species and its availability in soils as influenced by organic matter and additions of lime, Pb, Cd, and Zn. *Journal of Soil Science* **56**:129-138.

Madrid, L. (1999) Retenção e mobilidade de metais influenciada por alguns resíduos orgânicos adicionados aos solos: um estudo de caso. In: Fate and Transport of Heavy Metals in the Vadose Zone. H. M. Selim, e I.K. Iskandar (eds.). Lewis Publishers, Boca Raton. pp. 201-223.

Mahapatra, B. S. e Sharma, G. L. (1995) Effect of summer legumes on growth and yield of lowland rice (Oryza sativa) and its residual effect on succeeding wheat (Triticum *aestivum) in rice-wheat system. Indian Journal of Agricultural Sciences 65: 557561.*

Mahapatra, B. S., Sharma, K. C. e Sharma, G. L. (1987) Effect of biological, organic and chemical N on yield and N uptake in rice and their residual effect on succeeding wheat crop. *Indian Journal of Agronomy* 32: 7-11.

Mandal, B. e Hazra, G.C. (1997) Zinc adsorption in soilsas influenced by different soil management practices. *Journal of Soil Science* 162: 713-721.

Mandal, B., Hazra, G. C. e Pal, A. K. (1988) Transformation of zinc in soils under
e a sua relação com a nutrição de zinco no arroz. *Planta e Solo* 106: 121-126.

Mandal, L. N. e Mandal, B. (1986) Zinc fractions in soils in relation to zinc nutrition of low land rice. *Soil science* 142: 141-148.

Mann, K. K., Brar, B. S. and Dhillon, N. S. (2006) Influence of long-term use of farmyard manure and inorganic fertilizers on nutrient availability in a TypicUstochrept. *Indian Journal of Agricultural Science* 76:   477 480.

Marques, A.P.G.C., Oliveira, R.S., Samardjieva, K.A., Pissarra, J., Rangel, A.O.S.S., Castro, P.M.L. (2007). *Solanum nigrum* cultivado em solo contaminado: efeito de fungos micorrízicos arbusculares na acumulação e histolocalização de zinco. *Environ. Pollut.* 145, 691699.

McCarthy, J.F. e Zachara, J. M. (1989) Subsurface transport of contaminants. *Environmental Science and Technology* 23: 496-502.

Miller, W. P., Martens, D. C. e Zelazny, L. W. (1985) Effects of manure amendment on soil chemical properties and hydrous oxides. *Soil Science Society of America Journal* 49: 856-861.

Mirshekali, H., Hadi, H., Amirnia, R.,& Khodaverdiloo, H. (2012). Efeito da toxicidade do zinco na produtividade das plantas, nos teores de clorofila e Zn do sorgo (Sorghum bicolor) e do quarto de cordeiro comum (Chenopodium album).*International Journal of Agriculture*, 2(3), 247.

Mishra, B. N., Prasad, R., Gangaiah, B. e Shivakumar, B. G. (2006) Organic Manures for Increased Productivity and Sustained Supply of Micronutrients Zn and Cu in a Rice-Wheat Cropping System: Innovations for long-term and lasting maintenance and enhancement of agricultural resources, production and environmental quality. *Jornal de Agricultura Sustentável* 28: 5566.

Mogle, U. P., Naikwade, P. V. e Patil, S. D. (2013) Efeito residual do adubo orgânico no crescimento e rendimento de *Vign aunguiculata* L. e

Lablab purpureus L. *Science Research Reporter* **3(2)**.

Muntean, N., Romona, L., Ghitulescu, R. e Muntean, E. (2003) Heavy metal content in some food products. Artigo sem data, http://www.date.hu/kiadvany/tessedik/3/mu ntean.pdf.

Nair, A. K. e Gupta, P. C. (1999) Effect of green manuring and nitrogen levels on nutrient uptake by rice (*Oryza sativa*) and wheat (*Triticum aestivum*) under rice-wheat sequence. *Indian Journal of Agronomy* **44:** 659-663.

Nambiar, K. K. M. e Abrol, I. P. (1989) Long term fertilizer experiments in India (197182). *Projeto LTFE* 11-20.

Narwal, R. P. e Singh, B.R. (1998) Efeito dos materiais orgânicos na partição, extractibilidade e absorção de metais pelas plantas num solo de xisto de alúmen. *Water, Air and Soil Pollution* **103:** 405-421.

Narwal, R. P., Antil, R. S. e Gupta, A. P. (1992) Soil pollution through industrial effluents and waste management. *Journal of Soil Contamination* **1:** 265-272.

Nayyar, V. K. e Chhibba, I. M. (2000) Effect of green manuring on micronutrient availability in rice-wheat cropping system of northwest India, In: Long-term soil fertility experiments in rice-wheat cropping systems (Abrol IP, KF Bronson, JM Duxbury and RK Gupta eds), Rice-wheat consortium paper series 6, New Delhi, India: Rice-wheat consortium for the Indo-Gangetic Plains pp 68-72.

Paikaray, R. L., Mahapatra, B. S. e Sharma, G. L. (2001) Integrated nitrogen management in rice based cropping system. *Indian Journal of Agronomy* **46:** 592-600.

Pataco, I. M., Mourinho, M.P., Oliveira, K.,Santos, C., Pelica, J., Pais, I. P., ... &

Reboredo, F. H. (2015). Biofortificação do trigo duro (Triticum durum) em ferro e definição de parâmetros de qualidade para a produção   industrial de massas alimentícias - uma revisão. *EmiratesJournal   of Food and Agricultura, 27*(3), 242. Paulose, B. (2003)*Remediation   ofmetal solos contaminados com a utilização de diferentes correctivos*. Tese de Mestrado. Escola de Pós-Graduação, Instituto Indiano de Investigação Agrícola, Nova Deli, Índia.

Paulose, B., Datta, S. P., Rattan, R. K. e Chhonkar, P. K. (2007) Effect of amendments on the extractability, retention and plant uptake of metals on a sewage-rigated soil. *Environmental Pollution* **146:** 19-24.

Petruzzeli, G.,Lubrano, L., Petronio, B. M., Gennaro, M. C., Vanni, A., e Liberatori,

A.(1994) Soil sorption of heavy metals as influenced by sewage sludge addition. *Journal of Environmental Science and Health* **29:** 31-50.

Pfeiffer, W.H. e McClafferty, B. (2007) Biofortification: Breeding Micronutrient-

Culturas densas. In: Kang MS (Ed) Breeding major food staples. Blackwell Science Ltd., Plenum Press, Nova Iorque.

Prasad, A. S. (2007) Zinc: Mechanisms of host defence (Zinco: Mecanismos de defesa do hospedeiro). *Jornal de Nutrição 137:* 1345 1349.

Prasad, B., Prasad, J. e Prasad, R. (1995) Effect of nutrient management for sustainable rice and wheat production in calcareous soil amendment with green manure, organic manure and Zn. *Fertilizer News 40:* 39-45.

Rajput, A. L. (1995) Effect of fertilizer and organic manure on rice (*Oryza sativa*) and their residual effect on wheat (*Triticum aestivum*). *Indian Journal of Agronomy 40:* 292-294.

Rattan, R. K., Datta , S. P., Chhonkar, P. K., Suribabu, K. e Singh, A. K. (2005) Longterm impact of irrigation with sewage effluents on heavy metal content in soils, crops and groundwater-a case study. *Agriculture, Ecosystems and Environment* **109:** 310-322

Rattan, R. K., Datta, S. P., Chandra, S.e Saharan, N. (2002) Heavy metals and environmental quality: Indian scenario. *Fertiliser News,* **47:** 21-26 e 26-40.

Rattan, R. K., Patel, K. P., Manjaiah, K. M. e Datta, S. P. (2009) Micronutrients in soil, plant, animal and human health. *Journal of the Indian Society of Soil Science,* **57:** 546558.

Rattan, R.K., Datta, S.P. e Katyal, J.C. (2008) Micronutrient management: research realizações e desafios futuros. *Indian Journal of Fertilisers* **4:** 103-106, 109-112 e 115-118.

Raulund-Rasmussen, K., Borggaard, O. K., Hansen, H. C. B. e Olsson, M. (1998) Efeito dos solutos orgânicos naturais do solo nas taxas de meteorização dos minerais do solo. *Jornal Europeu de Ciência do Solo* **49(3):** 397-406.

Ray, P., Singhal, S. K., & Datta, S. P (2013). Efeito da fertiuzação de zinco no teor de ferro, manganês e cobre em Chenopodium (Chenopodium album L.) cultivado em solos ácidos e alcalinos alterados com orgânicos. *Jornal Indiano de Investigação Agrícola,* 47(2), 137-143.

Rengel, Z. (2007) Cycling of micronutrients in terrestrial ecosystems, *In*: Marschner P., Rengel Z. (ed): Nutrient Cycling in Terrestrial Ecosystems, Springer Verlag, Berlim, Heidelberg, pp. 93-121.

Ross, S.M. (1994) Retenção, transformação e mobilidade de metais tóxicos nos solos. In: *Toxic Metals in Soil-Plant Systems,* (S. M. Ross, ed.), Chichester, UK: John Wiley and Sons.

Sabir Gul Khattak, Peter J. Dominy & Wiqar Ahmad (2015) Assessment of ZN Interaction with Nutrient Cations in Alkaline Soil and its Effect on Plant Growth, Journal of Plant Nutrition, 38:7,1110-1120, DOI: 10.1080/01904167.2015.1009093

Saha, P. R., Adikari, S. e Chatterjee, D. K. 1996. Available iron, copper, zinc and manganese in some fresh water pond soils of Orissa in relation to soil properties. *ournal of Indian Society of Soil Science,* **44:** 681- 84.

Sekhon, K. S., Singh, J. P. e Mehla, D. S. (2006)   Long-termeffectof
O efeito de insumos orgânicos/inorgânicos na distribuição de zinco e cobre
em frações do solo sob um sistema de cultivo de arroz-trigo. *Resultados em
Agronomia e Ciência do Solo* **52:** 551-556.

Sharma, B. D., Arora, H., Kumar, R. e Nayyar, V. K. (2004) Relationships
between soil characteristics and total and DTPA- extractable micronutrients
in Inceptisols of Punjab. *Comunicação em Ciência do Solo e Análise de
Plantas* **37:**799-818.

Sharma, B. D., Mukhopadhyaya, S. S., Sidhua, P. S. e Katyal, J.C. (2000)
Pedospheric attributes in distribution of total and DTPA- extractable Zn,
Cu, Mn and Fe in Indo- Gangetic plains. *Geoderma* **96:**131-151.

Shuman, L. M. (1986) Effect of organic matter on the distribution of
manganese, copper, iron, and zinc in soil fractions. *Ciência do Solo* **146:**
192-198.

Singh, A., Agrawala, M. e Marshall, F. M. (2010) O papel dos fertilizantes
orgânicos *vs.* inorgânicos na redução da fitodisponibilidade de metais
pesados numa área irrigada com águas residuais. *Engenharia Ecológica
36:*1733
1740.

Singh, A., Agrawala, M. e Marshall, F. M. (2010) O papel dos fertilizantes
orgânicos *vs.* inorgânicos na redução da fitodisponibilidade de metais
pesados numa área irrigada com águas residuais. *Engenharia Ecológica
36:*1733
1740.

Singh, A., Singh, R. D. e Awasthi, R. P. (1996) Organic and inorganic
sources of fertilizers for sustained productivity in rice-wheat sequence on
humid hilly soils of Sikkim. *Indian Journal of Agronomy 41:* 191-194.

Singh, B. R. (1994) Trace element availability to plants in agricultural
soils, with special emphasis on fertilizer inputs. *Environmental Reviews* **2:**
133-146.

Singh, G., Singh, O. P., Singh, R. G., Mehta, R. K., Kumar, V. e Singh, R.
P. (2006) Effect of integrated nutrient management on yield and nutrient
uptake of rice (Oryza sativa)-wheat (Triticum aestivum) cropping system in
lowlands of eastern Uttar Pradesh. *Indian Journal of Agronomy* **51(2):** 85-
88.

Singh, M.V. (2009) Effect of trace element deficiencies in soil on human
and animal health (Efeito das deficiências de oligoelementos no solo na
saúde humana e animal). *Boletim da Sociedade Indiana de Ciência do Solo*
27: 75-101.

Singh, N. P., Sachan, R. S., Pandey, P. C. e Bishat, P. S. (1999) Effect of
decade long fertilizers and productivity of rice - wheat system in Mollisol.
Journal of Indian Society of Soil Science **47:** 72-80.

Singh, R. N., Singh, S., Prasad, S. S., Singh, V. K. e Kumar, P. (2011)
Efeito da gestão integrada de nutrientes na fertilidade do solo, na absorção
de nutrientes e no rendimento do sistema de cultivo arroz-feijão num solo

ácido de montanha de Jharkhand. *Jornal da Sociedade Indiana de Ciência do Solo* **59(2):** 158-163.

Singh, S. P., Takkar, P. N. e Nayyar, V. K. (1989) Effect of Cd on wheat as influenced by lime and manure and its toxic level in plant and soil. *Jornal Internacional de Estudos Ambientais* **33:** 59-66.

Singh, V. e N. Ram (2005) Effect of 25 years of continuous fertilizer use on response to applied nutrients and uptake of micronutrients by rice-wheat-cowpea system. *Cereal Researchand Communication* **33:** 589-594.

Smith, W. H. and Evans, J. O. (1977) Special opportunities and problems in using forest soils for organic waste application. *In*: Soils for Management of Organic Wastes and Waste Waters; Elliott, L.F.; Stevenson, F.J., Eds.; ASA, CSSA, SSSA: Madison, Wisconsin, pp. 428-454.

Stein, A. J., Nestel, P., Meenakshi, J.V., Qaim, M., Sachdev, H. P. S. e Bhutta, Z. A. (2007) Plant breeding to control zinc deficiency in India: how cost-effective is biofortification? *Public Health Nutrition* **10:** 492-501.

Strobel, B. W., Borggard, O. K., Hansen, H. C. B. e Andersen, M. K. (2005) O carbono orgânico dissolvido e a diminuição do pH mobilizam o cádmio e o cobre no solo. *Jornal Europeu de Ciências do Solo* **56:**189-196.

Subbiah, B. V. e Asija, G. L. (1956) A rapid procedure for the estimation of available nitrogen in soil. *Current Science* **25:** 259260.

Surekha, K. e Rao, K. V. (2009) Direct and Residual Effects of Organic Sources on Rice Productivity and Soil Quality of Vertisols. *Journal of the Indian Society of Soil Science* **57(1):** 53-57.

Swarup, A. (1987) Effect of presubmergence and green manuring (*Sesbania aculeate*) on nutrition and yield of wetland rice (*Oryza sativa*) on a sodic soil. *Biology and Fertility of Soils* **5**: 203-208.

Talatam, S. e Parida, B. (2009) Crescimento das culturas afetado pelo zinco e pela matéria orgânica em solos poluídos ricos em cádmio. *Actas do Colóquio Internacional de Nutrição Vegetal XVI*, Departamento de Ciências Vegetais, UC Davis.

Temminghoff, E.J.M., Van der Zee, S.E.A.T.M. e Dehaan, F.A.M. (1997) Copper mobility in a copper-contaminated sandy soil as affected by pH and solid and dissolved organic matter. *Environmental Science and* Technology **31:** 1109-1115.

Tiwari, C., Singh, Y. e Singh, D. (1995) Effect of Sesbania green manure and nitrogen fertilizer in rice (Oryza sativa)-wheat (Triticum aestivum) cropping system. *Indian Journal of Agricultural Sciences* **65:** 708-711.

Vacha, R., Podlesakova, E., Nemecek, J. e Polacek, O. (2002) Imobilização de As, Cd, Pb e Zn em solos agrícolas através da utilização de aditivos orgânicos e inorgânicos. *Rostlinna Vyroba* **48:** 335-342.

Walker, D. J., Clemente, R. e Bernal, M. P. (2004) Efeitos contrastantes do estrume e do composto no pH do solo, na disponibilidade de metais pesados e no crescimento de *Chenopodium album* L. num solo contaminado por resíduos de minas de pirite. *Chemosphere* **57(3):** 215-224.

Walker, D. J., Clemente, R., Roig, A. e Bernal, M. P. (2003) The effects of soil amendments on heavy metal bioavailability in two contaminated Mediterranean soils. *Environmental Pollution* **122:** 303-312.

Welch, R. M., & Graham, R. D. (2004). Reprodução de micronutrientes em culturas alimentares de base numa perspetiva de nutrição humana. *Journal of experimental botany, 55*(396), 353-364.

Xu, H.L., Wang, R., Xu, R.Y., Mridha, M.A.U. e Goyal, S., (2005). Yield and quality of leafy vegetables grown with organic fertilizations. Ata Hort., 627: 25-33

Yadav, D. S. and Kumar, A. (2000) Integrated nutrient management in rice-wheat cropping system under Uttar Pradesh conditions. *Indian Farming* **65:** 28-35.

Yadav, R. L. e Prasad, S. R. (1992) Conserving the organic matter content of the soil to sustain sugarcane yield. *Experimental agriculture* **28(01):** 5762.

Yadav, R. L., Yadav, D. S., Singh, R. M. e Kumar, A. (1998) Long term effects of inorganic fertilizer inputs on crop productivity   ina rice-wheat cropping system. *Nutrient Cycling in Agroecossistemas* **51(3):** 193-200.

Yizong, H., Ying, H. e Yunxia, L. (2009) Acumulação de metais pesados na placa de ferro e crescimento de plantas de arroz após exposição a contaminação única e combinada por cobre, cádmio e chumbo. *Ata Ecologica Sinica* **29:** 320-326.

I **want** morebooks!

Buy your books fast and straightforward online - at one of world's fastest growing online book stores! Environmentally sound due to Print-on-Demand technologies.

Buy your books online at
www.morebooks.shop

Compre os seus livros mais rápido e diretamente na internet, em uma das livrarias on-line com o maior crescimento no mundo! Produção que protege o meio ambiente através das tecnologias de impressão sob demanda.

Compre os seus livros on-line em
www.morebooks.shop

info@omniscriptum.com
www.omniscriptum.com

Printed by Books on Demand GmbH, Norderstedt / Germany